钻孔瓦斯涌出初速度测定新技术及应用

New Technology and Application of Gas Emission Initial Speed from Borehole

齐黎明　著

国家自然科学基金(No. 51204070)
河北省自然科学基金(No. E2015508053)
河北省重点学科(安全技术及工程)建设

科 学 出 版 社
北 京

内 容 简 介

本书系统地阐述了传统钻孔瓦斯涌出初速度测定装备在深孔预测方面存在的局限性，分析了新型钻孔瓦斯涌出初速度测定装备的研发思路及开展深孔预测的可行性，提出了基于钻孔瓦斯涌出初速度分布规律的煤与瓦斯突出深孔预测、预警技术。

本书可供从事煤矿瓦斯防治、煤（岩）与瓦斯动力灾害和煤与瓦斯共采等领域科研工作人员阅读，也可供科研院所和高等院校相关专业的师生参考。

图书在版编目（CIP）数据

钻孔瓦斯涌出初速度测定新技术及应用＝New Technology and Application of Gas Emission Initial Speed from Borehole/齐黎明著. —北京：科学出版社，2016. 7

ISBN 978-7-03-049114-5

Ⅰ. ①钻…　Ⅱ. ①齐…　Ⅲ. ①瓦斯涌出-初速度-研究　Ⅳ. ①TD712

中国版本图书馆 CIP 数据核字（2016）第 142146 号

责任编辑：李　雪 / 责任校对：桂伟利
责任印制：徐晓晨 / 封面设计：无极书装

科 学 出 版 社 出版
北京东黄城根北街 16 号
邮政编码：100717
http://www.sciencep.com

北京凌奇印刷有限责任公司 印刷
科学出版社发行　各地新华书店经销
*
2016 年 7 月第 一 版　开本：720×1000 1/16
2020 年 1 月第二次印刷　印张：8
字数：161 000

定价：78.00 元

（如有印装质量问题，我社负责调换）

前　　言

我国是世界上发生煤与瓦斯突出最严重的国家之一，突出矿井产量约占世界突出矿井总产量的 24%，累计突出次数约占世界总突出次数的 40%以上，从发生的突出次数和强度来看，远远超过苏联、波兰及欧洲等国家和地区。

为确保突出煤层的安全开采，《防治煤与瓦斯突出规定》要求采取“四位一体”的防突措施，突出预测是煤与瓦斯突出“四位一体”防突措施的第一步。在众多行业标准认可的突出预测指标中，钻孔瓦斯涌出初速度就是其中之一，通常采用它与钻屑量联合的方式进行突出预测。国内外很多学者就钻孔瓦斯涌出初速度测定技术开展了深入研究，前人在钻孔瓦斯涌出初速度测定方面所做的工作及成果对提高煤与瓦斯突出预测技术水平做出了重要贡献。但是，也存在诸多方面需要改进与完善，如测定钻孔深度受限，难以适应高强度机械化开采的需要等。

本书在广泛参阅前人研究成果的基础上，根据作者多年来在钻孔瓦斯涌出初速度测定技术方面的理论研究与工程实践撰写而成的。

本书从提高钻孔瓦斯涌出初速度测定参数的可靠性及其突出预测钻孔深度出发，深入研究了传统钻孔瓦斯涌出初速度测定装备的密封性能及其与钻孔深度的关系，探索了钻孔瓦斯涌出初速度测定的钻进工艺对煤体瓦斯吸附平衡的影响；推导出了煤层钻孔初始气体压力计算公式，并在此基础上，提炼出了钻孔瓦斯流量初始演变规律；创造性地提出了提高钻孔瓦斯涌出初速度测定装备密封性能及其测定钻孔深度的技术途径，并进行了测定装备的研发与现场应用；系统分析了工作面前方地应力、瓦斯压力和钻孔瓦斯涌出初速度等参数的分布与演变规律，提出了新的煤与瓦斯突出预测预警技术。

本书的出版得到了河北省重点学科(安全技术及工程)建设经费、国家自然科学基金项目(No. 51204070)、河北省自然科学基金项目(No. E2015508053)和中央高校基本科研业务费资助项目(No. 3142014012，3142015020)的资助。在开展研究工作和本书的撰写过程中，作者参阅了大量的中外文献，借此机会向所有文献作者表示感谢。

中国矿业大学的林柏泉教授、中国地质大学(北京)的程五一教授、华北科技学院的陈学习教授、开滦(集团)有限责任公司的周凤增副总工程师和郭达主任给予了作者大量指导。开滦(集团)有限责任公司、淮南矿业(集团)有限责任公司、淮北矿业(集团)有限责任公司、国投河南新能开发有限公司和中国平煤神马能源化工集团有限责任公司在现场试验方面给予了大力帮助;华北科技学院的梁为老师,研究生葛须宾、赵嵘、冯山和张旭锟在测定装备研制、实验室实验和现场试验方面给予了协助,在此一并表示感谢。

由于作者水平有限,书中不妥之处,敬请读者批评指正。

齐黎明

2016年3月

目　　录

第1章　绪　　论

1.1　引　　言

据统计，我国2015年煤炭产能高达57亿吨，实际煤炭产量为36.9亿吨[1,2]。在煤炭高产、稳产的同时，我国也是世界上煤矿瓦斯问题最严重的国家之一[3]。

瓦斯灾害主要表现为瓦斯爆炸（或瓦斯与煤尘爆炸）和煤与瓦斯突出。与瓦斯爆炸相比，煤与瓦斯突出发生的机理更加复杂，预防的技术难度也更大。据统计，在100个国有重点煤炭生产企业的609处矿井中，煤与瓦斯突出矿井占17.6%；新中国成立以来，我国煤矿发生煤与瓦斯突出次数占全世界突出总次数1/3以上[4,5]。我国最大煤与瓦斯突出发生在1975年，天府矿务局三汇坝一井，突出煤岩量达到12780吨、瓦斯140万m^3，仅次于苏联加加林矿（突出煤岩量14000吨、瓦斯25万m^3），居世界第二位。

随着对能源需求量的增加和开采强度的不断加大，国内煤矿相继进入深部开采，我国煤炭开采的深度以每年10～20m的速度递增，国内煤矿开采平均深度已达600m，一部分煤矿采深已达1000m以上[6]。随着开采深度的增加，地应力和瓦斯压力急剧增大，如煤层瓦斯压力随开采深度几乎呈线性增长，使得原来的瓦斯矿井将转变为高瓦斯矿井，甚至突出矿井[7]。

以开滦矿区钱家营矿为例，在该矿－600m水平，瓦斯比较小，压力小于0.2MPa，基本处于瓦斯风化带内，矿井瓦斯等级鉴定结果为低瓦斯矿井（现称瓦斯矿井）；随着开采向－850m水平延伸，该矿的瓦斯压力急剧上升，其中，在－850主石门1号钻孔所测5号煤层的瓦斯压力最高达到4.6MPa，已于2013年10月14日被鉴定为突出矿井。

煤与瓦斯突出是煤矿井下采掘过程中发生的一种极其复杂的地质动力现象，它能在短时间内（几秒钟到几分钟）由煤体向采掘空间抛出大量的煤炭（岩石）及涌出大量的瓦斯（CH_4、CO_2），并造成一定的动力效应，如推翻矿车、毁坏支架、破坏通风系统等。它的危害主要体现在以下四个方面：①产生的高压瓦斯流，能摧毁巷道，造成风流逆转、破坏矿井通风系统；②井巷充满瓦斯，造成人员窒息，引起瓦斯燃烧或爆炸；③喷出的煤岩，造成煤流埋人；④猛烈的动力效应可导致冒顶和火灾事故。对于大型的煤与瓦斯突出，喷出的煤、岩由几千吨到万吨以上，能够堵塞百米甚至千米以上的巷道；喷出的瓦斯达几百到几万立方米，能够使井巷充满瓦斯，甚至弥漫整个矿井。例如，2004 年 10 月 20 日河南大平煤矿发生了一起煤与瓦斯突出事故，涌出的瓦斯逆风而行，遇架线电机车运行时产生的火花，引起瓦斯爆炸，造成 148 人死亡；2009 年 11 月 21 日，黑龙江省鹤岗新兴矿也发生了同类煤与瓦斯突出诱导瓦斯爆炸的事故，死亡 108 人；煤与瓦斯突出事故不仅直接导致人员伤亡和财产损失，也造成了极坏的国际影响。

由于煤与瓦斯突出严重威胁着矿井安全生产，并且它的防治难度比较大，世界上开采突出煤层的国家基本都制定了煤与瓦斯突出防治方面的强制性文件。我国原煤炭工业部于 1988 年制定和颁布了《防治煤与瓦斯突出细则》，并于 1995 年对其进行了修订；国家安全生产监督管理总局于 2009 年制定了《防治煤与瓦斯突出规定》；另外，《煤矿安全规程》也对煤与瓦斯突出的防治工作做了明文规定。

为了保证矿井安全生产，《防治煤与瓦斯突出规定》要求突出煤层采取“四位一体”的防突措施，突出预测是“四位一体”防突措施的第一步工作，具体如图 1-1 所示[8]。

煤与瓦斯突出预测可分为区域性预测和局部预测，《防治煤与瓦斯突出规定》分别对区域预测和局部预测做了明确规定[8]。

1. 区域预测

区域预测一般根据煤层瓦斯参数结合瓦斯地质分析的方法进行，具体如下。

(1) 煤层瓦斯风化带为无突出危险区域。

(2) 根据已开采区域确切掌握的煤层赋存特征、地质构造条件、突出分布规律和对预测区域煤层地质构造的探测、预测结果，采用瓦斯地质分析的方法划分出突出危险区域。当突出点及具有明显突出预兆的位置分布与构造带有直接关系时，则根据上部区域突出点及具有明显突出预兆的位置分布与地质构造的关系确定构造线两侧突出危险区边缘到构造线的最远距离，并结合下部区域的地质构造分布划分出下部区域构造线两侧的突出危险区；否则，在同一地质单元内，突出点及具有明显突出预兆的位置以上 20m(埋深)及以下的范围为突出危险区(图 1-2)。

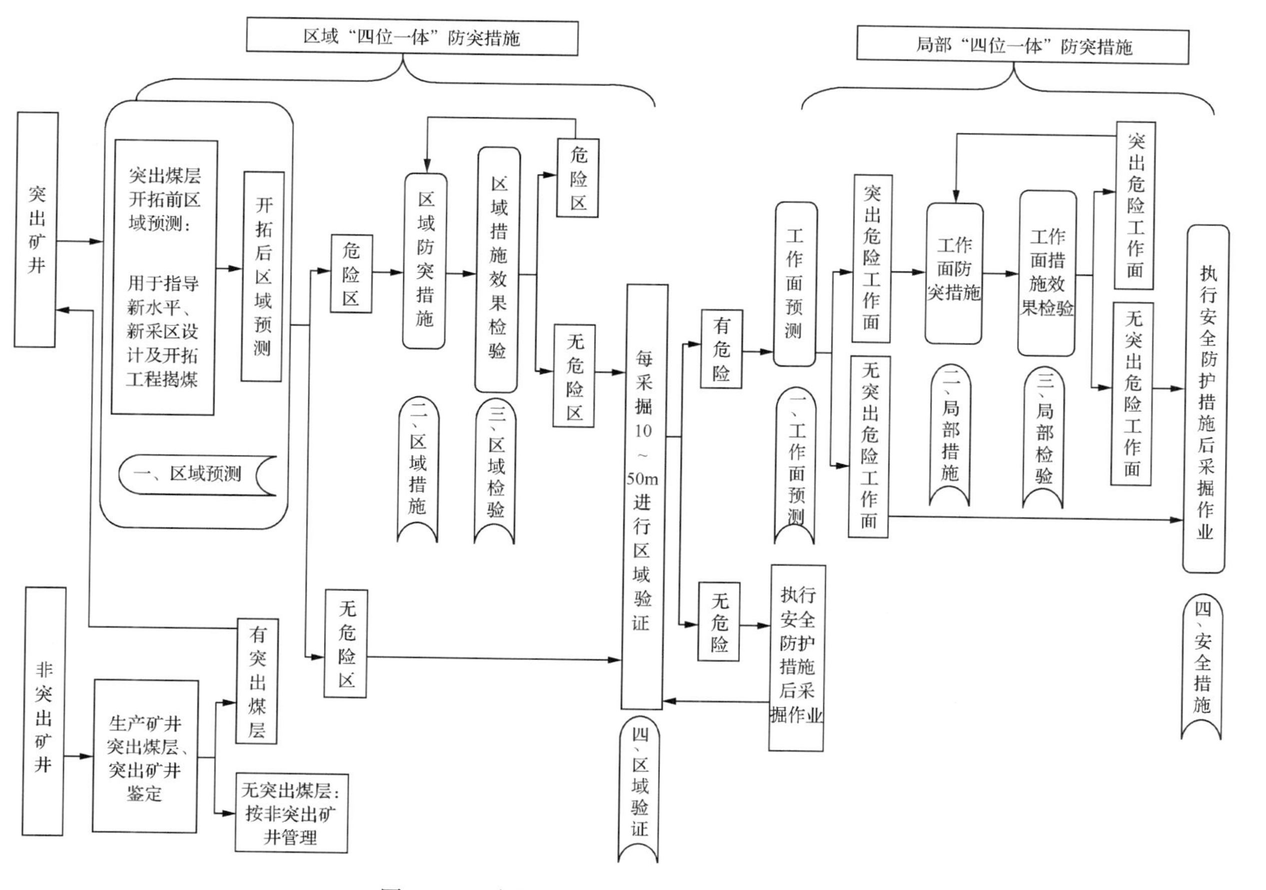

图1-1 两个“四位一体”综合防突体系结构图

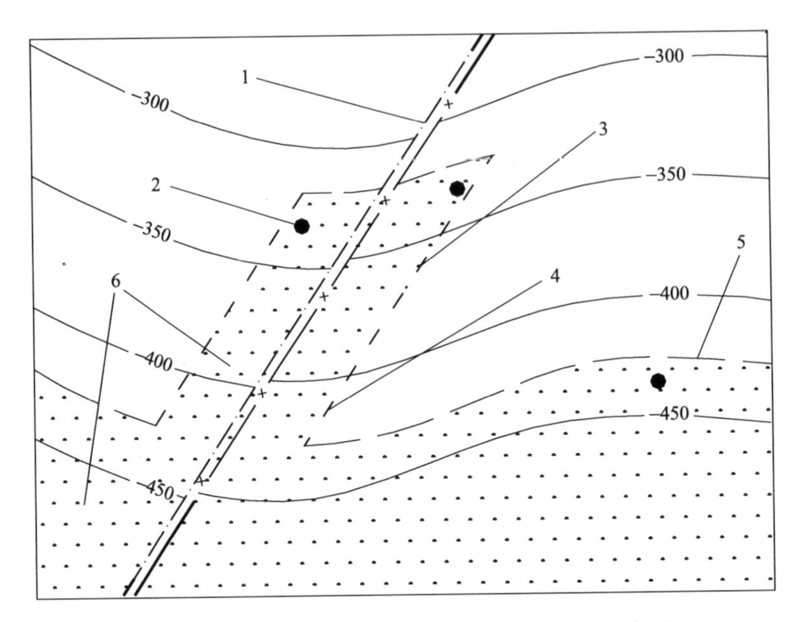

图 1-2　根据瓦斯地质分析划分突出危险区域示意图

1. 断层；2. 突出点；3. 上部区域突出点在断层两侧的最远距离线；4. 推测下部区域断层两侧的突出危险区边界线；5. 推测的下部区域突出危险区上边界线；6. 突出危险区(阴影部分)

(3) 在上述(1)、(2)项划分出的无突出危险区和突出危险区以外的区域，应当根据煤层瓦斯压力 P 进行预测。如果没有或者缺少煤层瓦斯压力资料，也可根据煤层瓦斯含量 W 进行预测。预测所依据的临界值应根据试验考察确定，在确定前可暂按表 1-1 进行预测。

表 1-1　根据煤层瓦斯压力或瓦斯含量进行区域预测的临界值

瓦斯压力 P/MPa	瓦斯含量 $W/(m^3/t)$	区域类别
$P<0.74$	$W<8$	无突出危险区
除上述情况以外的其他情况		突出危险区

另外，区域预测也可以采用其他经试验证实有效的方法。

2. 局部预测

石门揭煤、立井揭煤和斜井揭煤工作面的突出危险性预测应当选用综合指标法、钻屑瓦斯解吸指标法或其他经试验证实有效的方法进行。

煤巷掘进工作面和采煤工作面的突出危险性预测方法有钻屑指标法、复合指标法、R值指标法和其他经试验证实有效的方法。

在主要采用敏感指标进行工作面预测的同时，可以根据实际条件测定一些辅助指标(如瓦斯含量、工作面瓦斯涌出量动态变化、声发射、电磁辐射、钻屑温度、煤体温度等)，采用物探、钻探等手段探测前方地质构造，观察分析工作面揭露的地质构造、采掘作业及钻孔等发生的各种现象，实现工作面突出危险性的多元信息综合预测和判断。

对于复合指标法和R值指标法，都需要测定钻孔瓦斯涌出初速度(q)，该值的准确测定有利于提高采用上述两个指标进行煤与瓦斯突出预测的可靠性。因此，对钻孔瓦斯涌出初速度测定技术进行研究，进一步提高测定数据的准确性与测定钻孔深度，对突出煤层的安全高效开采有着重要意义。

1.2 钻孔瓦斯涌出初速度测定技术研究现状

1.2.1 钻孔瓦斯涌出初速度测定技术起源

钻孔瓦斯涌出初速度指的是在打钻结束后，马上进行封孔，测定封闭段中涌出的最大瓦斯量，其原理是基于突出煤和非突出煤在瓦斯解吸量和解吸速度上的差异，突出煤瓦斯解吸量大，初始瓦斯解吸速度快，解吸量随时间的衰减速度也快。它的大小取决于煤层瓦斯含量、煤层瓦斯压力、煤的破坏程度、物理力学性质等因素，即它几乎反映了决定煤层突出危险性的全部因素。因此，理论上讲，该指标反映了煤与瓦斯突出的危险性[9]。

钻孔瓦斯涌出初速度是由苏联马凯耶夫矿业研究所最早提出的，也是苏联运用最广泛的日常预测指标，被正式列入苏联《有煤、岩石和瓦斯突出倾向煤层安全采掘规程》，该规程规定了钻孔瓦斯涌出初速度的测试方法及临界值。1969～1980年，苏联使用钻孔瓦斯涌出初速度指标先后在顿巴斯矿区127个矿井的3930个掘进工作面和2070个回采工作面进行了预测实践，其结果证明，准确率高达98%[10]。苏联采用钻孔瓦斯涌出初速度指标对采掘工作面前方的突出危险性进行了长期大量的跟踪观测。观测结果表明，在地质破坏带和动力现象显现明显的区域，钻孔瓦斯涌出初速度明显增大，一般大于4L/min，据此确定钻孔瓦斯涌出初速度的临界值为4L/min[11]。

1.2.2 钻孔瓦斯涌出初速度测定技术研究现状

根据苏联马凯耶夫煤矿安全研究所的研究，煤层钻孔瓦斯涌出初速度通常出现在打钻结束后2～3min[12,13]。苏联东方煤矿安全研究所通过现场试验与应用，认为钻孔瓦斯涌出初速度随时间呈曲线规律变化，曲线具有极值，靠进巷道工作面，由于瓦斯局部排放的影响，瓦斯涌出量较小，随着钻孔向煤体内部延深，瓦斯涌出量增加，在1.5~4m处达到最大值，以后又降低[14]。

煤炭科学研究总院重庆分院的王克全和于不凡[10]通过数值分析认为，钻孔瓦斯涌出初速度主要取决于煤层原始瓦斯压力、渗透率、煤的内聚力及内摩擦角、开采深度等因素。同时，在强突出危险带，钻孔瓦斯涌出初速度大，在弱突出危险带，钻孔瓦斯涌出初速度小。中国矿业大学的王凯等[15]通过数值模拟，研究了钻孔瓦斯动态涌出规律、特征及其与煤层突出危险性的关系，给出了确定打钻过程中每米钻孔瓦斯涌出初速度及停钻衰减涌出量的计算公式。焦作工学院的魏风清和张晋京[11]认为钻孔瓦斯涌出初速度的测试深度必须穿过工作面前方的煤层卸压带，进入应力集中带的塑性极限应力区，对于不同矿山地质条件下的煤层，必须实测其工作面煤层卸压带和塑性极限应力区范围，才能准确确定钻孔瓦斯涌出初速度合理的测试深度。煤科总院重庆分院的林府进[16]认为煤层掘进面迎头煤体钻孔孔深大于4m时，钻孔瓦斯涌出初速度基本稳定，可视为原始煤体区域内煤层钻孔瓦斯的自然释放，测量室长度为1m时所测数据较测量室长度为0.5m时所测数据要相对稳定一些。

中国矿业大学的刘海波等[17]对钻孔瓦斯涌出初速度在煤层泄压后偏大做了详细研究，认为影响q的主要影响因素有煤层透气性系数、瓦斯压力和开采深度等，其中透气性系数对q影响最大。煤科总院抚顺分院的屠锡根和哈明杰[18]认为综合指标能够有机地把预测突出的单项指标联系在一起，从而更准确地预测突出危险性。平顶山煤业(集团)有限责任公司十矿的王恩义等[19]提出了q值浅孔预测的方法，认为由于q值的峰值大多在煤壁以里1.8m位置，选用1.8m位置作为新的q值测试深度是比较合理的。韩颖等[20]设计了煤层模拟装置及钻进过程中钻孔瓦斯涌出速度测定装置，并开展了钻孔瓦斯涌出速度模拟测试。

1.2.3 钻孔瓦斯涌出初速度测定装备研究现状

我国最早由抚顺煤炭科学研究院从苏联引进了该技术，并结合我国的煤层赋存条件，研制出了我国最早的钻孔瓦斯涌出初速度测定装备(JN-1型)[21]。在此基础上，原煤炭工业部依据《防治煤与瓦斯突出细则》(1995年版)组织制定了测定标准《钻孔瓦斯涌出初速度的测定方法》(MT/T 639—1996)。

随后，国内部分科研人员也相继在JN-1型钻孔瓦斯涌出初速度测定装备的基础上，进行了新的研发，主要有沈阳煤炭科学研究院的JN-2、重庆煤炭科学研究院的ZWS-1、平顶山碧源科技有限公司的CWY30等，具体如图1-3所示。

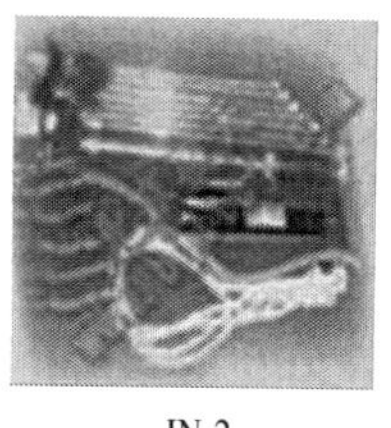
JN-2

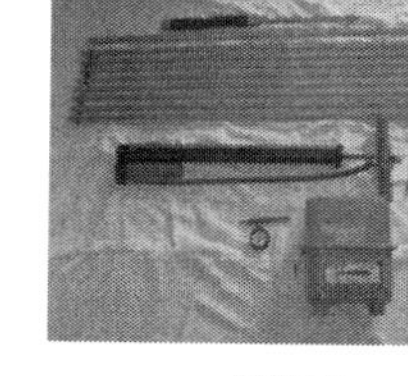
ZWS-1

CWY30

图1-3 国内主要钻孔瓦斯涌出初速度测定装备

上述装备均采用普通橡胶充气密封钻孔，通过钢管将封孔器送入钻孔，采用孔板流量计或基于其原理所研发的仪表来测定气体流量。

江西省煤炭研究所的彭呈喜和萍乡煤矿职工大学的李永华[22]从突出预测角度考虑，认为应研制一种自动控制封孔的新装置，把钻进、封孔、导流和测定四道工序统一在一套机具上形成连续作业。高建良等[23]对钻孔瓦斯涌出初速度与导气管阻力特性的关系进行了研究，认为导管管径对测定值的影响越大并且导气管摩擦风阻越小，测得的钻孔瓦斯涌出初速度越大。

1.3 钻孔瓦斯涌出初速度测定现有技术的局限性

《防治煤与瓦斯突出细则》(1995版)明确规定：煤巷掘进工作面和采煤工作面在进行突出危险性预测时，可以单独使用该指标，也可与最大钻屑量联合使用；前者的预测钻孔深度为3.5m，后者则为5.5～6.5m[24]。在矿井采掘过程中，由于预测钻孔深度较短，需要频繁预测，这严重制约着采掘速度的提高，与煤矿高强度的机械化开采需求和高产高效矿井建设不相适应。为此，《防治煤与瓦斯突出规定》(2009年)将该指标的预测钻孔深度提高到了8～10m。但是，由于钻孔瓦斯涌出初速度的测定必须在打完钻后2min内完成，测定钻孔越深，退钻杆和送封孔器所需时间越长，特别是对传统的刚性封孔器来说，由于钻孔的不规则性，在其送入钻孔过程中因所受阻力太大而延误测定时间的概率越来越大。

综上所述，虽然钻孔瓦斯涌出初速度测定为有效防治煤与瓦斯突出做出了重大贡献，但是还有些不足，主要体现在两个方面，即测定钻孔深度受限和数据的测定与记录方式有待改进。

1）测定钻孔深度受限

测定钻孔深度受限包括两个方面的原因，具体如图 1-4 所示。

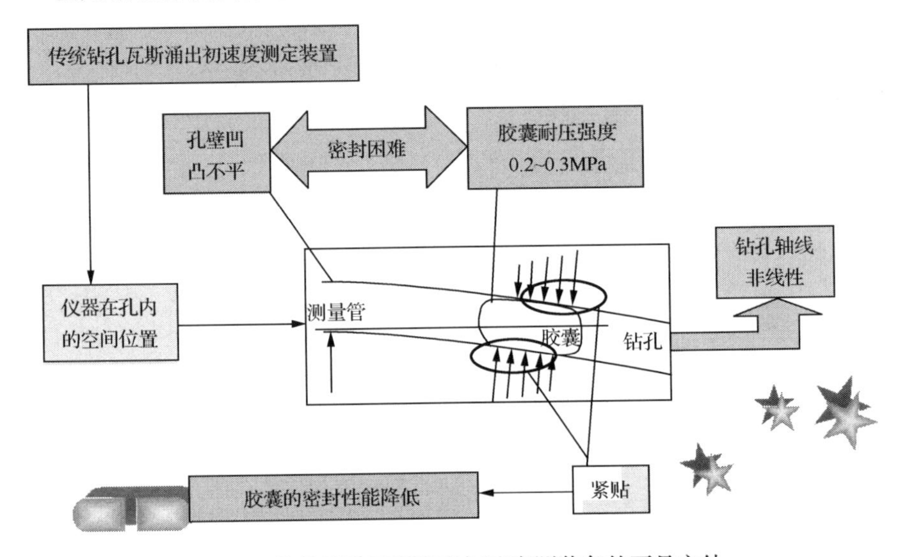

图 1-4　传统钻孔瓦斯涌出初速度测装备的不足之处

一方面，在钻杆重力作用下，钻孔轴线不是线性的，而是呈抛物线形状；另一方面，在测量管重力作用下，胶囊有上倾趋势。这两个因素导致胶囊的后端紧贴钻孔底部，而前端紧贴钻孔顶部，胶囊的密封性能降低，而且这种状况会随着钻孔深度增大，而变得更加显著，这也就导致现行的钻孔瓦斯涌出初速度测定深度比较浅。

2）数据的测定与记录方式有待改进

对于普通的有机玻璃孔板流量计来说，在使用过程中，可能遇到以下几个方面的问题：如果孔板量程偏小，导致水溢出，无法读数，反过来，又会影响测定结果的精度；没有办法连续记录读数，并且测定结果需要通过计算转换；井下光线昏暗，测定数据一直在变，而且测量时，孔板流量计必须垂直，因此，可能存在读数误差。对于现有的电子记录仪器来说，其原理与孔板流量计类似，都是通过测定压力自动计算出流量，并显示最高数值；它的测定方式和功能也需要进一步提高。

1.4 煤与瓦斯突出预测预警研究现状

德国建立了 SIWA 2000 智能控制中心，对矿井安全状况进行分析与评价；美国建立了基于地理信息系统(geographic information system，GIS)的矿山综合管理、安全预警信息系统、远程控制和指挥中心；澳大利亚 Bell 等提出把监控系统与计算中心联网的手段，以对煤矿井下灾害进行预警和监控[25~27]。上述系统功能的实现都是以监控数据的处理和专家库建立为依据，通过对气体成分等灾害危险源信息进行处理从而对火灾、爆炸等事故进行预警。

20 世纪 70 年代末，日本、澳大利亚、法国、波兰、苏联等国家，先后研制并开发了地音计算机系统，研究了突出前声发射(acoustic emission，AE)发生频率的变化规律和声发射与瓦斯浓度的关系；1983 年英国对南威尔士煤田的煤与瓦斯突出监测结果表明，微震活动与工作面开采活动和回风巷道中检测到的瓦斯涌出量有关，开发系统于 1986 年正式用于工作面的突出预测预报[28]。

声发射预测(微震声响预测)煤层突出危险性是通过收集工作面煤层和围岩噪声率信号，分析声发射事件和能量变化，配合矿井根据大量生产实践所建立的临界值，判断工作面前方煤层是否有突出危险。与之相类似的还有电磁辐射预测，煤岩层在破坏过程中会发生电磁辐射，电磁辐射强弱和脉冲数据取决于外加负载的大小和煤岩层的破坏特征。所以，可采用采掘工作面前方煤层受力破坏产生的电磁辐射强度和电磁辐射脉冲数预测突出危险[29]。

在预警系统方面，中国煤炭科工集团有限公司(简称中煤科工集团)重庆研究院开发了预警和综合控制系统，该系统综合利用瓦斯地质、计算机技术、安全系统工程学等综合学科，通过收集工作面采掘前各种指标及煤与瓦斯动力现象等数据，对工作面当前和前方的突出危险性及其变化趋势进行实时预警[26]。该系统在芦岭煤矿进行了试验，取得了较好的效果，但其可靠性仍需进一步试验。

另外，部分学者根据工作面瓦斯涌出量的变化规律来对煤与瓦斯突出进行预警，不同的是有的借助于神经网络技术对瓦斯涌出量进行预测，并提出相应的预警指标及其临界值，有的则以矿图和数据处理软件为基础，根据瓦斯涌出量的变化，来判断工作面前方的应力、瓦斯压力及煤层产状结构等，并最终对煤与瓦斯突出进行预警[30,31]。

综上所述，有关煤与瓦斯突出预警，很多科研人员也开展了大量研究工作，研究成果主要体现在两个方面：一是采用计算机编制预警软件，将采掘工作面与突出有关的有关数据输入计算机，运行计算后，根据结果判别突出危险性，中煤炭科工集团重庆研究院所开发的突出预警计算机系统软件就是其中的典型代表；二是采用仪器现场监测煤与瓦斯突出发生之前的各种信息，主要包括声发射、电磁辐射和微震。

第一类预警方法要求提供大量的基础资料，给矿井生产带来重大负担，一般的矿井没有能力提供；第二类预警方法有其科学道理，但是，井下工作环境非常复杂，容易受到其他非突出因素的干扰。

由此可见，煤与瓦斯突出灾害的预警技术虽然刚刚起步，却已在煤矿行业得到了普遍重视；因此，研发出具有实用价值的煤与瓦斯突出预警系统，就显得尤为必要和迫切。

因此，对钻孔瓦斯涌出初速度测定的相关基础理论进行研究，升级改造现行的钻孔瓦斯涌出初速度测定装备(设计加工出既能够缩短封孔器的送入时间，又能有效降低封孔器送入钻孔的阻力，并且数据测定准确、可靠的钻孔瓦斯涌出初速度测定装备)；并开发出基于钻孔瓦斯涌出初速度测定的煤与瓦斯突出预测预警技术，对于突出煤层的安全高效开采有着重要意义。

第 2 章　传统钻孔瓦斯涌出初速度测定装备深孔预测的局限性

由于钻孔瓦斯涌出初速度的测定必须在打完钻孔后 2min 内完成，测定钻孔越深，退钻杆和送封孔器所需时间越长。传统钻孔瓦斯涌出初速度测定装备均通过钢管将封孔器送入钻孔，利用普通橡胶充气密封钻孔。钢管的强度高，变形能力小，而测定钻孔的空间结构是不规则的，这导致传统装备在送入钻孔过程中很容易因阻力太大而延误测定时间；普通橡胶本身的耐压强度有限，并且，通常检测的是橡胶内部的气体压力，而密封钻孔依靠的是橡胶外表面与孔壁之间的应力，这两者虽然存在一定关联，但也有着本质区别。

2.1　测定钻孔轴线形状分析

钻孔瓦斯涌出初速度测定的第一步工作是打钻孔。在打钻过程中，钻杆受到多种力的共同作用，这导致钻孔的轴线不一定呈直线形状。在水平方向上的受力基本与钻孔轴线形状无关，因此在此主要对钻杆垂直方向上的受力进行分析。

在垂直方向上，钻杆一方面要受自身重力，另一方面，要受到钻杆前端煤体的支撑力和后端钻机的支撑力。因此，可将它简化成普通的材料力学问题，具体受力分析如图 2-1 所示。

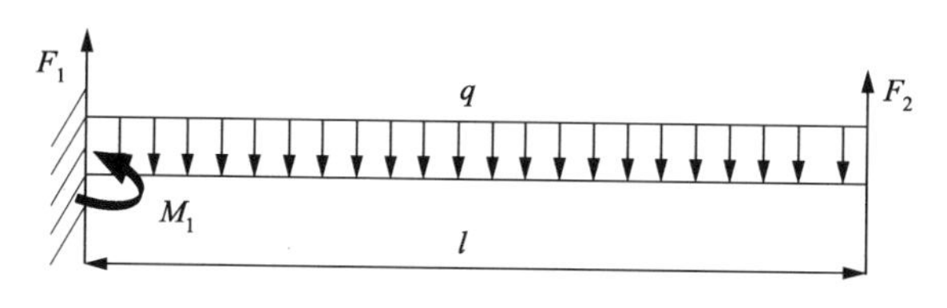

图 2-1　钻杆垂直方向上的受力分析图

在图 2-1 中，q 为钻杆重力均布载荷，单位为 N/m；F_1 为钻机的支撑力，单位为 N；F_2 为煤体支撑力，单位为 N；M_1 为钻机弯矩，单位为 N・m；l 为钻杆长度，单位为 m。则其平衡方程如下，

$$F_1 + F_2 = ql \tag{2-1}$$

$$M_1 + F_2 l = \frac{1}{2}ql^2 \tag{2-2}$$

再截取其中一段钻杆进行受力分析，具体如图 2-2 所示。在图 2-2 中，x 为所截取钻杆的长度，单位为 m；F_x 为钻杆的剪力，单位为 N；M_x 为钻杆的弯矩，单位为 N·m。

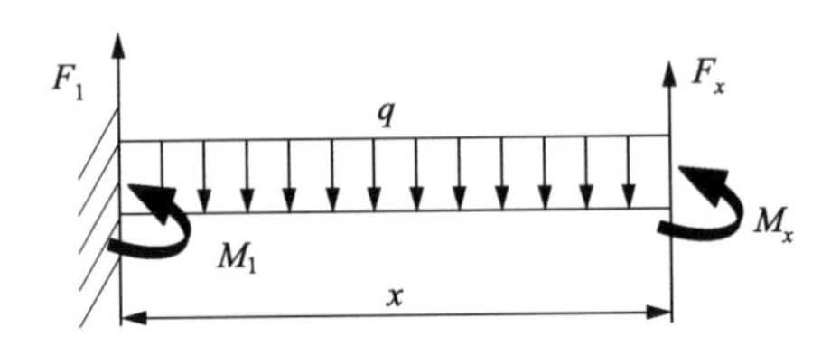

图 2-2　部分钻杆垂直方向上的受力分析图

同样，对于部分钻杆来说，它的平衡方程为

$$F_1 + F_x = qx \tag{2-3}$$

$$M_1 + F_x x + M_x = \frac{1}{2}qx^2 \tag{2-4}$$

则，挠曲线的近似微分方程为

$$\frac{\mathrm{d}^2\omega}{\mathrm{d}x^2} = \frac{1}{EI}\left[-\frac{1}{2}qx^2 + (ql - F_2)x - \frac{1}{2}ql^2 + F_2 l\right] \tag{2-5}$$

式中，ω 为钻杆的挠度，单位为 m；E 为钻杆的弹性模量，单位为 Pa；I 为惯性矩，单位为 m^4。

在固定端处，横截面的转角与挠度均为零，于是可得它的挠度方程为

$$\omega = \frac{1}{EI}\left[-\frac{1}{24}qx^4 + \frac{1}{6}(ql - F_2)x^3 - \frac{1}{4}ql^2x^2 + \frac{1}{2}F_2 lx^2\right] \tag{2-6}$$

在钻孔前端，煤体受力压缩变形，则有

$$\frac{F_2}{A} = E_c \frac{\Delta H}{H} \tag{2-7}$$

式中，A 为钻头的受力面积，单位为 m^2；E_c 为煤的弹性模量，单位为 Pa；ΔH 为煤体压缩高度，单位为 m；H 为钻头下部煤层厚度，单位为 m。

钻孔前端的挠度等于煤体的压缩变形，即

$$\frac{F_2 H}{AE_c} = \frac{1}{EI}\left[-\frac{1}{24}ql^4 + \frac{1}{6}(ql - F_2)l^3 - \frac{1}{4}ql^2l^2 + \frac{1}{2}F_2 ll^2\right] \tag{2-8}$$

将式(2-8)代入式(2-6)，有

$$\omega = \frac{1}{EI}\left[-\frac{1}{24}qx^4 + \frac{1}{6}\left(\frac{5qAE_c l^4 - 24EIHql}{8(AE_c l^3 - 3EIH)}\right)x^3 - \frac{1}{4}ql^2x^2 + \frac{3qAE_c l^5}{16(AE_c l^3 - 3EIH)}x^2\right] \tag{2-9}$$

根据实际打钻情况，设置有关参数，可采用计算机绘制出钻杆不同位置的挠度曲线，如图 2-3 所示。

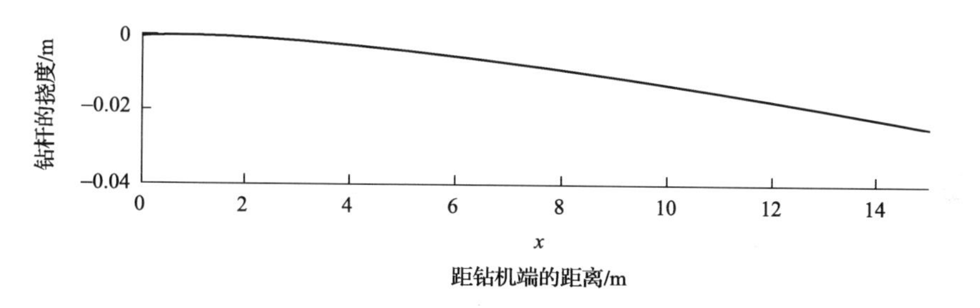

图 2-3　钻杆挠度分布曲线图

根据图 2-3 可知，钻杆挠度为负值，即钻杆应该向下垂；而且离钻机越远，挠度越大。钻孔形成于钻头对周围煤体的破碎作用，因此，钻孔的轴线形状必将与钻杆的挠度曲线是一致的，即钻孔轴线形状不是线性的，而是呈抛物线形。

2.2　钻孔内封孔胶囊受力分析

钻孔瓦斯涌出初速度测定过程中，通常采用膨胀胶囊进行封孔；最终所测结果的准确性与胶囊对钻孔的密封程度关系密切，而后者取决于胶囊与孔壁之间的相互作用。

1. 理想胶囊表层应力分析

假定测定钻孔轴线是线性的。此时，胶囊在钻孔内向孔壁均匀膨胀；现取胶囊横截面的四分之一作为研究对象，其受力分析状况如图 2-4 所示。

对于图 2-4 中 $d\theta$ 所对应的那一段胶囊来说，在垂直方向的受力为

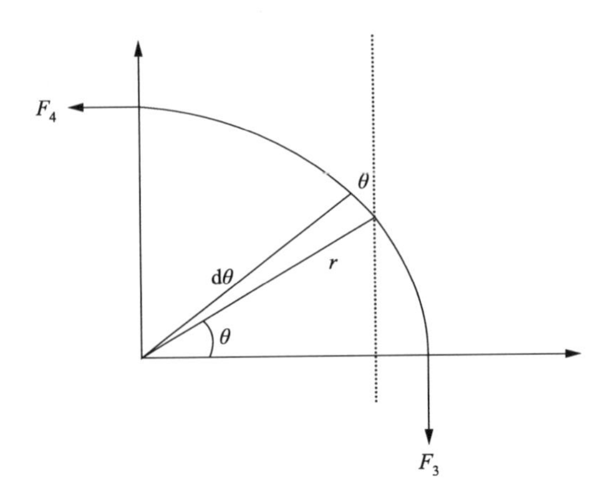

图 2-4　胶囊断面受力分析图

$$(p-p_0)r\sin\theta\mathrm{d}\theta\sin\theta L,\quad p\geqslant p_0 \tag{2-10}$$

式中，p 为胶囊内的流体压力，单位为 MPa；p_0 为胶囊外层应力，单位为 MPa；r 为胶囊膨胀变形后的半径，单位为 m；L 为胶囊的长度，单位为 m；θ 为角度，单位为弧度。

对式(2-10)在四分之一个圆弧上积分，并根据力学平衡，有

$$F_3=\frac{1}{4}(p-p_0)\pi Lr \tag{2-11}$$

式中，F_3 为胶囊径向拉应力，单位为 N。

根据胡克定律，有

$$\frac{F_3}{A_1}=\varepsilon E_\mathrm{n} \tag{2-12}$$

式中，A_1 为胶囊轴向的断面面积，单位为 m^2；E_n 为胶囊的弹性模量，单位为 Pa；ε 为胶囊横截面的应变。

在整个胶囊的横截面上，有

$$\frac{F_3}{A}=\frac{\Delta s}{2\pi r_0}E \tag{2-13}$$

式中，Δs 为胶囊在横截面上的变形伸长量，单位为 m；r_0 为胶囊原始半径，单位为 m。

胶囊在横截面上的伸长量应为变形后的周长与原周长之差，则

$$\Delta s = 2\pi(r - r_0) \tag{2-14}$$

根据式(2-11)、式(2-13)及式(2-14)，有

$$p_0 = p - \frac{4AE(r - r_0)}{L\pi r_0 r} \tag{2-15}$$

现在被普遍采用的钻孔瓦斯涌出初速度测定仪的工作压力为0.2MPa(表压)，胶囊长度为0.25m，胶囊原始半径约为0.014m；在无约束条件下，实验室实验测得充气压力为0.09MPa(表压)时，胶囊直径为0.083m，即半径约为0.042mm，此时的p_0应为大气压力(0.1MPa)，则根据式(2-15)，可计算出$AE=3.71\times10^{-4}$，则式(2-15)可整理成式(2-16)。

$$p_0 = p - 1.9 \times 10^{-3}\,\frac{(r - r_0)}{r_0 r} \tag{2-16}$$

目前用于测定钻孔瓦斯涌出初速度的钻杆直径约为0.042m，相应的钻孔直径约为0.05m，因此，胶囊膨胀后的半径应约为0.025m；将有关参数代入式(2-16)，则此时胶囊与孔壁之间的应力为0.24MPa，由此可见，它只有胶囊内部气体压力的80%。

2. 胶囊实际受力分析

根据上述分析可知，在理想水平直钻孔的条件下，钻孔瓦斯涌出初速度测定装备的胶囊如果均匀膨胀，则它与孔壁之间存在一定应力，此时，可以对瓦斯室的瓦斯起到有效封堵作用。

但是，在实际钻孔瓦斯涌出初速度测定过程中，钻孔的轴线呈抛物线形状，而且测量管在自身重力作用下，必然下垂；此时，整个装备的重量将主要由胶囊和测定装备的末端支撑，具体如图2-5所示。

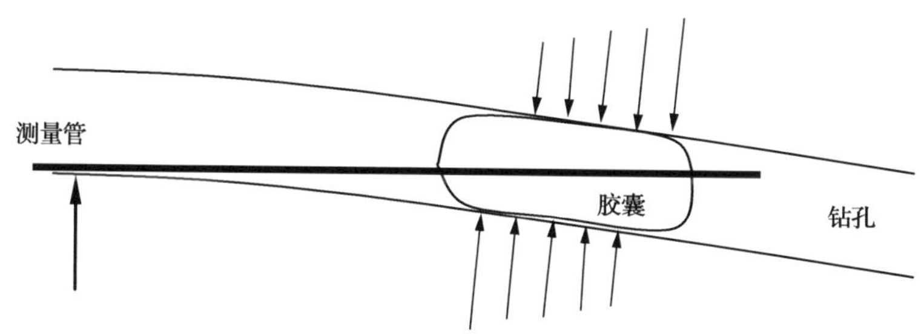

图2-5　测定装备实际受力分析图

由图 2-5 可知，在胶囊内部，测量管不同位置距孔壁的距离不同；在前端，距孔壁上部的距离较小，而距孔壁下部的距离较大；相反，在后端，距孔壁上部的距离较大，而距孔壁下部的距离较小；这导致胶囊不能均匀膨胀，它与孔壁之间的应力也不一样大，距离越小，应力越大。

在胶囊前端，上部应力较大，下部应力较小；在胶囊后端，下部应力较大，上部应力较小。胶囊与孔壁之间的应力分布不均匀，必然将导致瓦斯有可能从胶囊前端下部经它的后端上部泄漏，大大降低测定结果的准确性；而且它会随着钻孔深度的增大，而更加显著。

测定钻孔的非线性和胶囊膨胀应力的衰减性，联合作用导致传统钻孔瓦斯涌出初速度测定装备(钢管护送与胶囊低压膨胀)在深孔预测方面存在着较大局限。

第3章　钻进扰动对煤体瓦斯吸附平衡的影响

瓦斯在煤层中赋存的形态主要有两种，一种是自由瓦斯，另一种是吸附瓦斯。其中，自由瓦斯约占10%，以气态形式存在；吸附瓦斯约占90%，以固溶态形式存在[32,33]。自由瓦斯和吸附瓦斯的这种比例存在于吸附平衡条件下，如果吸附平衡条件被打破，如煤体含水率、温度及电磁环境等发生变化，则自由瓦斯和吸附瓦斯的比例关系也将发生变化[34]。由于煤层瓦斯压力是煤层孔隙内气体分子热运动撞击所产生的作用力，它在某一点上各向大小相等，方向与孔隙壁垂直[35]。因此，煤体对瓦斯的吸附平衡被打破后，煤层瓦斯压力必定也跟着变化。

改变煤体对瓦斯的吸附平衡状态除了上述几种主要情况外，外力扰动也具有这种功能；西安科技大学的李树刚等[34,36,37]开展了低频振动对瓦斯吸附和解吸的影响研究。在钻孔瓦斯涌出初速度测定之前，需要从巷道向煤层打钻，在钻头和钻杆的冲击扰动作用下，原本处于吸附平衡状态的瓦斯受到扰动，必将进入一种新的吸附-解吸平衡状态。

3.1　扰动导致瓦斯解吸机理分析

3.1.1　煤体裂纹产生机理分析[38]

脆性物体的破坏是由物体内部存在的裂隙所决定的，煤是一种天然非均质体，内部存在大量微小孔隙与裂隙，如果饱含高压瓦斯，则在裂纹尖端存在应力集中现象，从而使得新的裂纹产生，以致煤体破裂。

煤体内的裂纹通常为张开型裂纹，形状为椭圆形，长半轴为 a，短半轴为 b；裂纹周围的材料为各向同性、除裂纹外处处连续的介质；裂纹周围的介质为线弹性体，具体形状如图3-1所示。

在平面应变的条件下，该裂纹周围的应力场分布如下。

$$\sigma_x = \frac{K_1}{\sqrt{2\pi r}}\cos\frac{\theta}{2}\left(1-\sin\frac{\theta}{2}\sin\frac{3\theta}{2}\right) \tag{3-1}$$

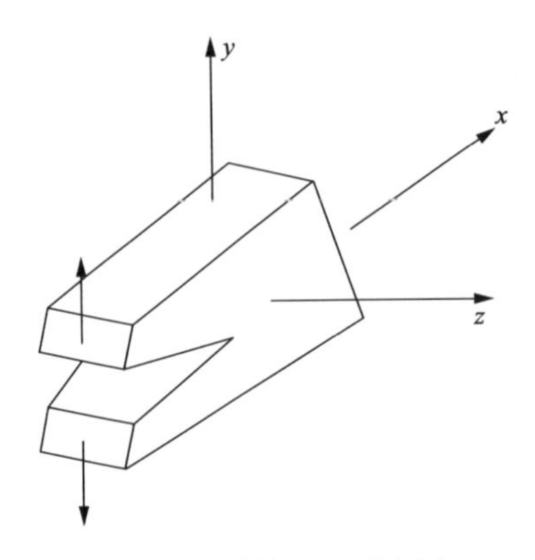

图 3-1　煤体裂纹示意图

$$\sigma_y = \frac{K_1}{\sqrt{2\pi r}}\cos\frac{\theta}{2}\left(1+\sin\frac{\theta}{2}\sin\frac{3\theta}{2}\right) \tag{3-2}$$

$$\tau_{xy} = \frac{K_1}{\sqrt{2\pi r}}\cos\frac{\theta}{2}\sin\frac{\theta}{2}\cos\frac{3\theta}{2} \tag{3-3}$$

式中，σ_x，σ_y，τ_{xy} 分别为裂纹周围任一点沿 x、y 方向的正应力和剪应力，单位为 MPa；r 为裂纹周围任一点距裂纹尖端的距离，单位为 m；θ 为裂纹周围任一点跟裂纹尖端的连线与 x 轴的夹角；K_1 为裂纹的强度因子，单位为 $MN/m^{1.5}$。

$$K_1 = \sigma\sqrt{\pi a} \tag{3-4}$$

式中，σ 为作用在含裂纹微元体上的拉应力，单位为 MPa。

K_1 是判定有裂纹的物体的强度标准，是一个决定线弹性体内裂纹端点附近应力场的力学参量。它可作为煤(岩)体的力学强度标准。对于具有固定长度的穿透性裂纹，当外力增大或减小时，它也增大或减小。这时，尽管在煤(岩)体内的裂纹尖端处，存在着应力无穷大的解，但实际上煤(岩)体并不破坏。只有当 σ 增大到 σ_c 这样一个数值时，煤(岩)体才开始扩展而失稳破坏。

$$K_{1c} = \sigma_c\sqrt{\pi a} \tag{3-5}$$

对于带有 a 长度裂纹的煤(岩)体来讲，这个 K_{1c} 是固定的值，只要达到这个数值，煤(岩)体内的这个裂纹就会急速扩展而使煤(岩)体失稳断裂。在工程中，为使煤(岩)体不至于达到 K_{1c} 而破坏，通常采用控制外力 σ 的方法，使它不超过 σ_c。

在拉应力情况下，不管裂纹长轴与应力成什么角度（与应力平行除外），其应力集中都发生在裂纹端部，只要外力达到临界值，裂纹就向垂直于应力方向扩展，并迅速导致煤（岩）体的断裂破坏。但在压应力的作用下，尽管煤（岩）体内产生了新的裂纹，煤（岩）体并不马上断裂破坏，而是在裂纹沿着一定方向扩展、富集后，才发生断裂破坏。

在地下煤（岩）体内，煤（岩）体大部分处于受压状态。煤（岩）体中除了有与主应力平行或垂直的裂纹外，还大量地存在着与主应力斜交的裂纹。为了研究压应力下裂纹的扩展，假定有一块承受最大主应力 σ_1 和最小主应力 σ_3 的平板，在平板上有一个长轴为 a、短轴为 b 的椭圆孔，这个椭圆孔代表裂纹，如图 3-2 所示。

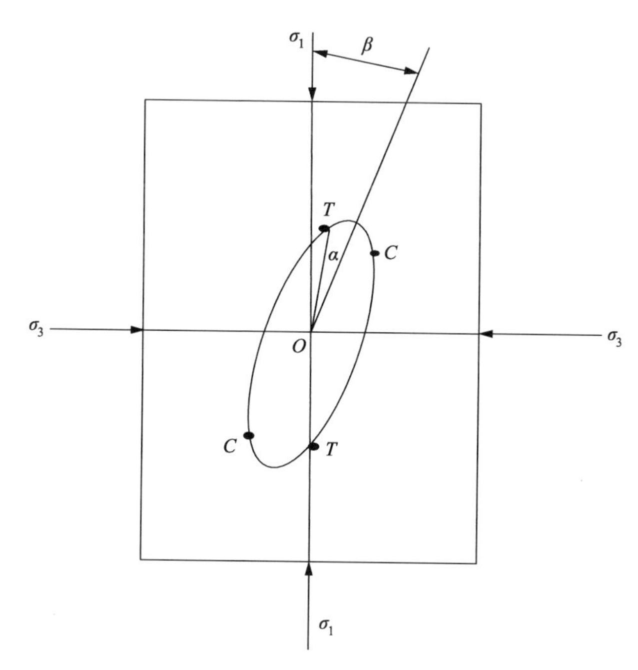

图 3-2　双向压应力状态下裂纹孔上的应力集中点位置图

在平面应力的条件下，最先发生扩展的裂纹（叫临界裂纹）的方向由如下公式确定：

$$\cos 2\beta = -\frac{1}{2}\left[\left(\frac{\sigma_1-\sigma_3}{\sigma_1+\sigma_3}\right)\left(\frac{a+b}{a-b}\right)-\left(\frac{\sigma_1+\sigma_3}{\sigma_1-\sigma_3}\right)\left(\frac{4ab}{a^2-b^2}\right)\right] \tag{3-6}$$

式中，β 为临界裂纹与最大主应力的夹角。

在两个方向的压应力作用下，在椭圆孔的内边缘 T 点处将出现集中拉应力，这个拉应力为

$$\sigma_t = \frac{(a+b)^2}{4ab}\frac{(\sigma_1-\sigma_3)^2}{\sigma_1+\sigma_3} \tag{3-7}$$

在椭圆孔的内边缘 C 点处将出现集中压应力，这个压应力为

$$\sigma_d = -3\sigma_t \tag{3-8}$$

当 b 远小于 a 时，集中拉应力和集中压应力都出现在靠近长轴的端部，但又不是在顶端的尖部。集中拉应力位置 α 由如下公式确定：

$$\cos2\alpha = \frac{a^2+b^2}{a^2-b^2} - \left(\frac{\sigma_1+\sigma_3}{\sigma_1-\sigma_3}\right)\frac{8a^2b^2}{(a^2-b^2)(a+b)^2} \tag{3-9}$$

集中压应力出现在与 T 点对称的 C 点。由于煤(岩)体的拉伸强度远小于其抗压强度，因此裂纹扩展不是在裂纹的顶端开始，而是在 T 处开始。

3.1.2 煤体裂纹产生瞬间瓦斯解吸机理分析

在煤层钻孔周围，煤体在集中应力作用和钻杆的扰动下，煤体从 T 处产生裂纹并迅速扩展后，一方面消耗了部分煤岩体的弹性变形能，另一方面，应力集中峰值向深部转移。这导致原来被压缩的煤体迅速反弹膨胀，煤体孔隙空间扩大，在迅速扩大的瞬间，煤体孔隙壁面产生一定的振动效应，原本吸附于煤体孔隙壁面的瓦斯分子，可能失去平衡，转变为游离状态，即瓦斯解吸。

假定煤体产生裂纹后，孔隙空间仍为椭圆状，并且长轴 a 不变，短轴 b 增加为 b_1；煤体最大主应力由 σ_1 降为 σ_{11}，最小主应力 σ_3 降为 σ_{33}；变形后的煤体受力状况如图 3-3 所示。

假定孔隙裂纹扩展过程中，孔隙煤壁的移动方向为该点与圆心的延长线，则该点的振动幅度为前后两个圆心与边缘的距离之差。

有关椭圆中心到边缘的距离计算，由于椭圆沿 x 轴和 y 轴都呈对称关系，因此，分析计算时，只需考虑其四分之一即可；具体计算可分两种情况考虑，划分的依据是椭圆边缘上点与焦点的空间位置关系。

1. *在焦点的右侧*

当椭圆在焦点的右侧时，具体如图 3-4 所示。

在图 3-4 中，椭圆圆心到边缘点的距离为 L，该点到 x 轴的垂直高度为

H,与 x 轴的夹角为 θ,垂线与 x 轴交叉位置距右焦点的距离为 s，根据空间几何关系,可得方程组如下：

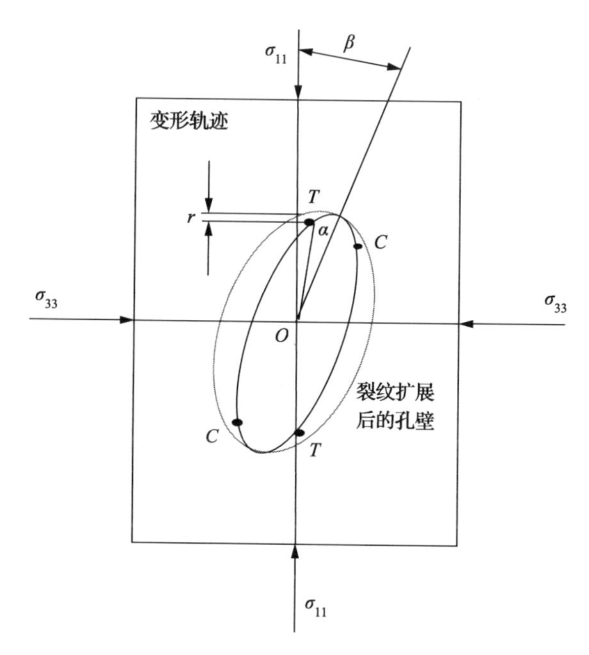

图 3-3　产生裂纹后的煤体应力分布示意图

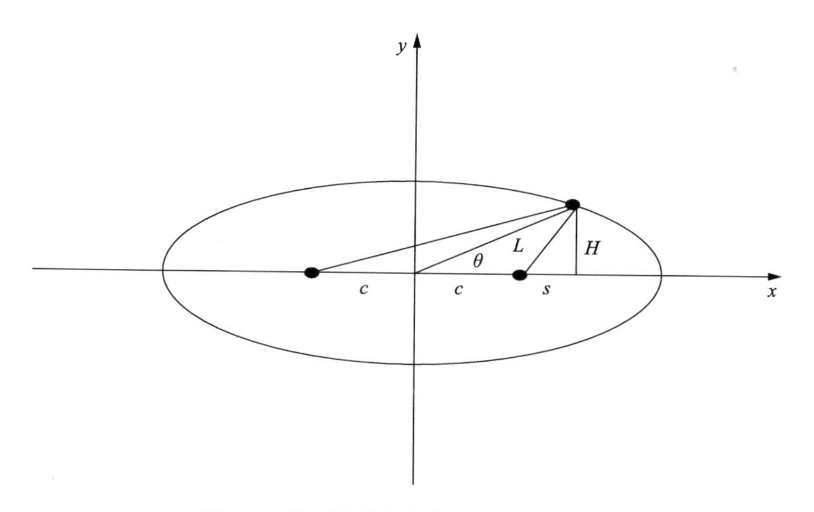

图 3-4　椭圆边缘点的分布示意图(右侧)

$$H = L\sin\theta \tag{3-10}$$

$$H^2 + (c + s)^2 = L^2 \tag{3-11}$$

$$\sqrt{H^2 + s^2} + \sqrt{(2c + s)^2 + H^2} = 2a \tag{3-12}$$

将式(3-10)分别代入式(3-11)和式(3-12),可得

$$s = L\cos\theta - c \tag{3-13}$$

$$\sqrt{L^2\sin^2\theta + s^2} + \sqrt{(2c + s)^2 + L^2\sin^2\theta} = 2a \tag{3-14}$$

将式(3-13)代入式(3-14),有

$$\sqrt{L^2 + c^2 - 2Lc\cos\theta} + \sqrt{L^2 + c^2 + 2Lc\cos\theta} = 2a \tag{3-15}$$

当煤孔隙裂纹扩展变形后,新的椭圆条件下,相应位置边缘到圆心的距离为 L_1,焦距的一半为 c_1,有

$$\sqrt{L_1^2 + c_1^2 - 2L_1c_1\cos\theta} + \sqrt{L_1^2 + c_1^2 - 2L_1c_1\cos\theta} = 2a \tag{3-16}$$

则,煤体孔隙煤壁位移

$$r = L_1 - L \tag{3-17}$$

在图 3-3 中,煤体裂隙产生位置 T 点,它与椭圆长轴的夹角为 α,假定裂纹扩展卸压后,煤体向外收缩的位移也为 r,则有

$$\sigma_1 - \sigma_{11} = \frac{r}{R}E = \frac{L_1 - L}{R}E \tag{3-18}$$

式中,E 为煤体的弹性模量,R 为孔隙煤壁厚度。

联合式(3-18)、式(3-15)和式(3-16),可得出 c_1 的计算表达式,再将它代入式(3-16),并将最终得到的式(3-15)和式(3-16)代入式(3-17)即可求解出煤壁内部不同位置的位移,具体计算过程比较复杂,但是,可以通过数值计算得出其结果。

2. 在焦点的左侧

同理,当椭圆在焦点的左侧时,具体如图 3-5 所示。

根据空间几何关系,可得方程组如下:

$$H = L\sin\theta \tag{3-19}$$

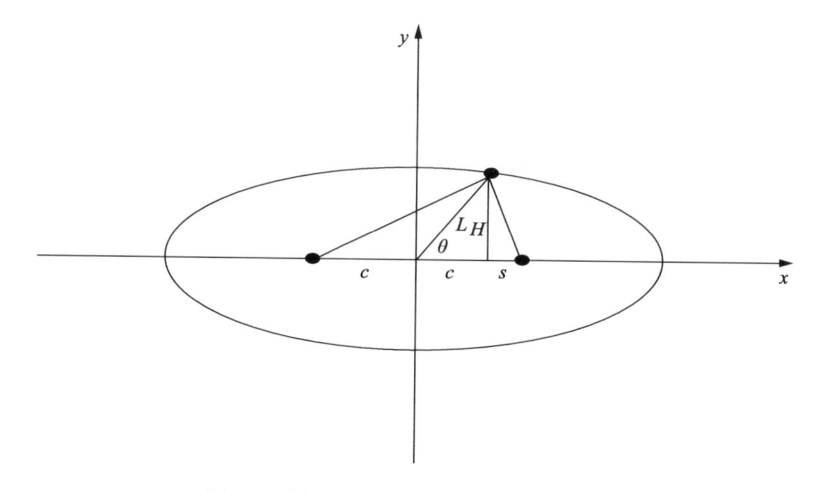

图 3-5　椭圆边缘点的分布示意图(左侧)

$$H^2 + (c - s)^2 = L^2 \tag{3-20}$$

$$\sqrt{H^2 + s^2} + \sqrt{(2c - s)^2 + H^2} = 2a \tag{3-21}$$

将式(3-19)分别代入式(3-20)和式(3-21),可得

$$s = c - L\cos\theta \tag{3-22}$$

$$\sqrt{L^2\sin^2\theta + s^2} + \sqrt{(2c - s)^2 + L^2\sin^2\theta} = 2a \tag{3-23}$$

将式(3-22)代入式(3-23),有

$$\sqrt{L^2 + c^2 - 2Lc\cos\theta} + \sqrt{L^2 + c^2 + 2Lc\cos\theta} = 2a \tag{3-24}$$

式(3-24)与前面的式(3-15)完全相同,因此,两种情况可以合二为一。

3. 煤壁振动位移与瓦斯解吸的关系

煤体孔隙壁面对瓦斯分子产生吸附作用,主要是煤体表面的分子与瓦斯分子相互吸引,瓦斯分子在煤孔隙表面做短暂的停留。煤体表面的分子与瓦斯分子之间的作用力主要是分子间的范德华力。气体分子脱附主要靠分子间的碰撞或升高温度等来提供能量。当煤与瓦斯系统温度升高时,气体分子的无规则运动加剧,分子之间的碰撞加强,并且碰撞频率增大,吸附瓦斯分子的动能也就越大,从而气体分子在煤体表面停留的时间就越短,煤体的吸附量就越小。

综上所述,处于吸附状态下的瓦斯分子,一方面要受到煤体孔隙表面范德华力的作用,另一方面,自身仍在做无规则运动,具有一定的动能,该能量较小不足以克服范德华力逃逸出来,其受力分析如图 3-6 所示。

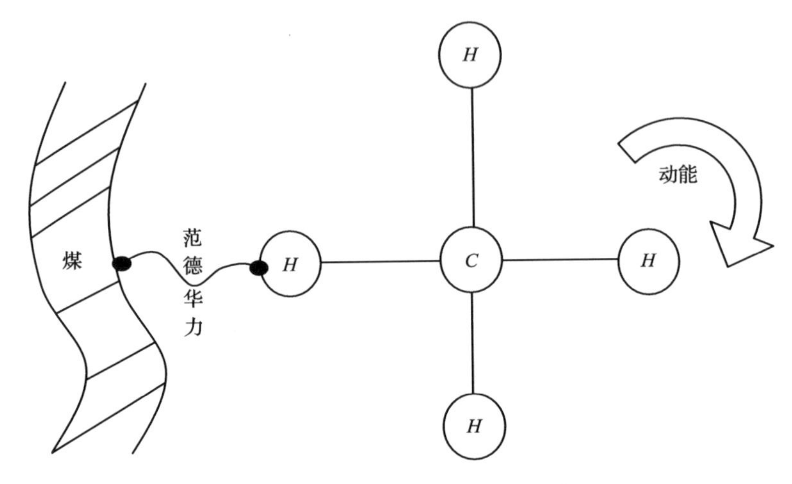

图 3-6　煤壁吸附瓦斯受力平衡示意图

如果被加热或者被其他的自由分子撞击,则由于能量传递作用,使得其自身动能增加,就有可能冲破范德华力的束缚,变成自由分子。这就如同一根绳子拴着铁球在做圆周运动,绳子的抗拉强度好比范德华力,铁球运动的动能好比瓦斯分子的动能,如果铁球的动能增大,运动速度上升,则绳子的拉应力越大,当超过它的抗拉强度时,则绳子断裂,铁球飞离出去,相当于瓦斯分子由吸附状态变为游离状态。即,瓦斯分子是否能从煤壁逃逸出来,取决于瓦斯分子动能和煤与瓦斯分子间范德华力的相对大小。

煤体孔隙破裂产生裂纹的瞬间,由于应力峰值转移,煤壁迅速反弹,产生振动,类似于图 3-6 中左侧煤体向左移动,并带动瓦斯分子一起向左移,这将给处于自由晃动下的瓦斯分子一个力的作用,这个力方向向左,在瞬间内能让瓦斯分子产生加速度,赶上煤壁向左移动的速度,这个力的主动方为煤壁,被动方为瓦斯分子,则此时,范德华力除了要克服分子的自由运动以外,还得为瓦斯分子的向左加速运动提供力的作用,如果不足,分子在左移的瞬间,就会离开煤壁,变成游离状态。

根据前面的分析可知,在椭圆的不同位置,煤壁移动的位移不同,在相同的时间内,需要产生加速度的力也不一样,则瓦斯分子逃出范德华力束缚的比例也不同。

假定煤壁与瓦斯分子间的范德华力为 f，瓦斯分子自由运动产生的应力为 F_1，煤壁由于瞬间位移产生的附加应力为 F_2，则瓦斯分子逃离煤壁的应力条件如下：

$$f \leqslant F_1 + F_2 \tag{3-25}$$

式(3-25)两边相等，属于临界状态。

根据牛顿定律，有

$$L_1 - L = \frac{1}{2}\frac{F_2}{m}t^2 \tag{3-26}$$

式中，m 为瓦斯分子(包括二氧化碳、甲烷和氮气等)的质量；t 为时间。

对式(3-26)进行变换，有

$$F_2 = \frac{2m(L_1 - L)}{t^2} \tag{3-27}$$

联合式(3-25)和式(3-27)，有

$$\frac{2m(L_1 - L)}{t^2} \geqslant f - F_1 \tag{3-28}$$

根据式(3-28)可知，煤体孔隙壁面的瓦斯分子，在煤壁破裂产生振动的瞬间，能否解吸出来，主要取决于以下几个因素：煤壁振动位移越大，瓦斯分子质量越大，其解吸的可能性越大；煤壁振动越剧烈，即时间越短，则瓦斯解吸可能性越大。

3.2　扰动导致瓦斯解吸实验研究

在外力扰动作用下，原本完整的煤体被压裂破碎，此刻，煤体对瓦斯的吸附平衡被打破；煤体在破裂的瞬间，吸附瓦斯和游离瓦斯的比例关系发生了变化；从宏观上看，必将引起瓦斯压力的变化，这一点可以通过模拟实验来进行研究。

1. 实验方案

现场采取新鲜煤样，加工后，粒径为0.17～0.25mm，选取150g，装入煤样罐内，煤样体积约占煤样罐容积的四分之三(目的是增加煤样间的相互撞击作用)，装上防震压力表，拧紧煤样罐，反复注入高压瓦斯，等待最终吸附平衡，平衡后的压力读数显示为 0.56MPa,然后,将实验装置安设在电动机上,通过电动机的旋转,让煤样受到外力的撞击作用,以此来模拟高地应力对煤样的冲击破坏作用,具体如图 3-7 所示。

图 3-7　煤样罐旋转扰动实验装置图

为了便于对比分析,增加第二种实验方案,大体过程与方案一相似,所不同的是,减少煤样,并在煤样罐内放入铁球(总体积仍为煤样罐容积的四分之三),增加旋转过程中的撞击作用。

2. 实验结果

启动电机,旋转煤样罐,约 10 分钟后,断电,观察实验结果,具体如图 3-8 所示。图 3-8(a)是方案一(纯煤样)的实验结果,图 3-8(b)是带铁球的实验结果,图的左侧是实验装置,右侧是放大后的压力表表盘。两次实验的结果分别是 0.58MPa 和 0.62MPa,由此可见,通过旋转扰动撞击,确实可以改变原煤样的吸附特性,而且,撞击越强烈,效果越明显。

由于煤样罐内存在四分之一的自由空间,则在旋转撞击作用下解吸出的瓦斯,除了促使煤样内部的孔隙瓦斯压力上升外,还得满足自由空间瓦斯上升的需求,因此,最终真实的瓦斯压力值应通过分析计算进行修正。

在方案一条件下:

假设罐的总容积为 V,煤样的孔隙率为 $\eta\%$,则孔隙容积 V_{01} 为

$$V_{01}=\frac{3\eta V}{400} \tag{3-29}$$

(a) 纯煤样

(b) 含有铁球

图 3-8　煤样罐旋转扰动实验结果图

罐内可供自由瓦斯存在的空间总体积 V_{11} 为

$$V_{11}=\frac{3\eta+100}{400}V \tag{3-30}$$

则,修正后的瓦斯压力 p_0 为

$$p_0=p_{01}+\frac{V_{11}}{10V_{01}} \tag{3-31}$$

式中, p_{01} 为第一种方案下的瓦斯压力读数,单位为 MPa。

煤的孔隙率约为 12%,通过计算,则实际瓦斯压力值应为 0.95MPa,与初始瓦斯压力值 0.56MPa 相比,上升了 69.6%。

同理,在方案二条件下:

假设铁球的体积为 V_2,则孔隙容积 V_{02} 为

$$V_{02}=\left(\frac{3V}{4}-V_2\right)\frac{\eta}{100} \tag{3-32}$$

罐内可供自由瓦斯存在的空间总体积 V_{12} 为

$$V_{12}=\frac{3\eta+100}{400}V-\frac{\eta V_2}{100} \tag{3-33}$$

则,修正后的瓦斯压力 p_0 为

$$p_0=p_{02}+\frac{V_{12}}{10V_{02}} \tag{3-34}$$

式中, p_{02} 为第二种方案下的瓦斯压力读数,单位为 MPa。

V_2 约为瓦斯罐总容积的 10%,通过计算,则实际瓦斯压力值应为 1.04MPa,与初始瓦斯压力值 0.56MPa 相比,上升了 85.8%。

根据上述实验结果可知,在旋转扰动条件下,煤体对瓦斯的吸附平衡被打破,游离瓦斯所占的比例有所增大,瓦斯压力上升;增加铁球对煤体进行撞击后,瓦斯压力上升则更加显著。

由此可见,外力扰动能够直接破坏煤体对瓦斯的吸附平衡作用,并导致瓦斯含量系数降低,游离瓦斯所占的比例增大,瓦斯压力急剧上升。对于钻孔瓦斯涌出初速度测定来说,测定钻孔周围煤层的瓦斯压力峰值要高于原始煤层瓦斯压力,因此,在分析钻孔瓦斯涌出初速度时应加以考虑。

第 4 章　钻孔瓦斯涌出初速度测定过程中的瓦斯流动规律研究

在有关钻孔瓦斯涌出初速度出现时间的研究方面，国内外广泛采用的方法是通过研究钻孔瓦斯压力或流量的变化规律来实现。代表性的研究成果及其缺陷如下：列伊本森提出了钻孔瓦斯室内的气体压力计算公式，并在此基础上推导出了钻孔瓦斯流量计算公式，但是，公式太理想化，仅考虑了煤层原始瓦斯压力一个影响因素[13]；王凯等[15]和高建良等[23]采用数值模拟和数值计算开展了煤层钻孔初始气体压力和流量变化规律的研究，但是，技术手段比较复杂，现场从事煤与瓦斯突出预测的工程技术人员难以掌握；韩颖等[20]从量纲的角度对其计算公式进行了拟合及实验室试验研究，但是，计算结果不够精确。

为此，本书将从理论角度推导出煤层钻孔初始气体压力计算公式，根据该公式，得出不同条件下钻孔初始气体压力的演变规律及其峰值出现的时间。

4.1　钻孔瓦斯测量室内气体压力理论分析

钻孔瓦斯涌出初速度测定通常是从煤巷向煤层打钻，具体钻孔布置如图 4-1 所示。

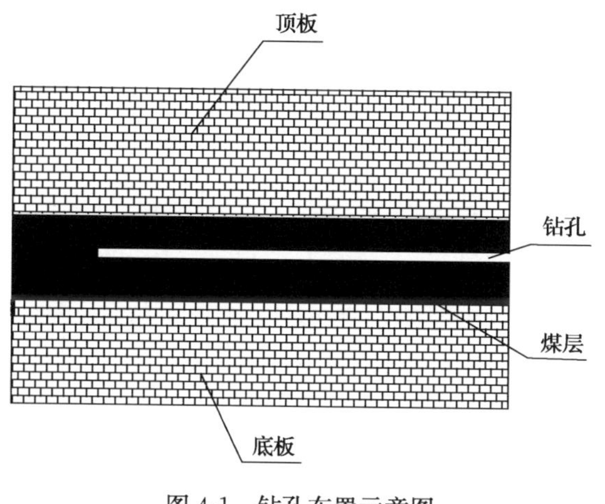

图 4-1　钻孔布置示意图

根据《防治煤与瓦斯突出规定》，钻孔瓦斯涌出初速度测定的瓦斯室空间为钻孔前方一米长的钻孔，因此，本研究以此为研究对象，具体如图 4-2 所示。

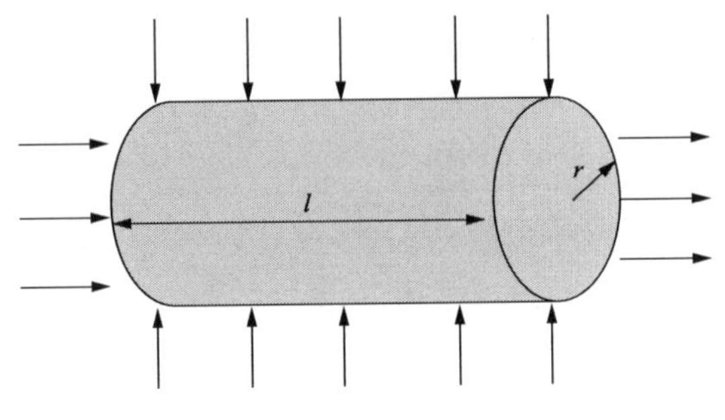

图 4-2 钻孔布置示意图

该部分钻孔孔壁周围和钻孔端部煤壁的瓦斯向钻孔内流动，同时，钻孔内的气体压力上升，并且，向孔口方向流出瓦斯。

根据周世宁和孙辑正[39]的煤层瓦斯流动理论，在球向流场条件下，钻孔煤壁瓦斯涌出量可表示为

$$q=(p_1^2-p^2)\left(\frac{\lambda}{r}+\sqrt{\frac{\lambda\alpha}{4\pi p_1^{1.5}t}}\right) \tag{4-1}$$

式中，q 为单位面积瓦斯涌出量，单位为 m/d；p_1 为煤层瓦斯压力，单位为 MPa；p 为钻孔内瓦斯压力，单位为 MPa；r 为钻孔半径，单位为 m；λ 为煤层透气性系数，单位为 $m^2/(MPa^2 \cdot d)$；α 为瓦斯含量系数，单位为 $m^3/(m^3 \cdot MPa^{0.5})$；$t$ 为瓦斯流动时间，单位为 d。

对于单向流动来说，煤壁瓦斯涌出量可表示为

$$q=(p_1^2-p^2)\sqrt{\frac{\lambda\alpha}{4\pi p_1^{1.5}t}} \tag{4-2}$$

对于径向流动，因计算复杂，没有给出具体计算方法。由此可见，在不同流场条件下煤壁的瓦斯涌出量与煤层瓦斯压力、钻孔的气体压力、煤层透气性系数、瓦斯含量系数及流动时间的关系基本类似，为简化计算，在此认为，球向流场和径向流场的煤壁瓦斯涌出量皆可采用球向流场来分析。

即，从钻孔周围煤壁的瓦斯涌出量可表示为

$$dQ=(p_1^2-p^2)\left(\frac{\lambda}{r}+\sqrt{\frac{\lambda\alpha}{4\pi p_1^{1.5}t}}\right)(\pi r^2+2\pi rl)dt \tag{4-3}$$

钻孔内部气体压力上升消耗的瓦斯量为 $10\dfrac{\partial p}{\partial t}\pi r^2 l\mathrm{d}t$

由于钻孔直径较小，一般就几十毫米，且基本呈圆形，流量不是很大，因此，可以认为钻孔内的瓦斯流动符合层流运动规律。

在钻孔瓦斯涌出初速度测定过程中，前期是退钻杆，后期是将封孔器送入预定位置，则实际能够供瓦斯涌出的钻孔空间应为钻孔断面积与钻杆或封孔器的断面积之差，并且一般钻杆或封孔器在钻孔内基本是匀速运动，相比之下，没有钻杆或封孔器的那段钻孔的瓦斯流动阻力基本可以忽略不计，则钻孔内气体流动存在阻力的长度可以按实际产生钻孔流量长度的一半计算，则向孔口方向流出的瓦斯量为

$$\frac{h_f(d-d_1)^2}{32\mu\,\dfrac{1}{2}(L-l)}\pi r^2\mathrm{d}t=\frac{(p-p_0)\pi(r-r_1)^4}{4\mu(L-l)}\mathrm{d}t \tag{4-4}$$

式中，h_f 为钻孔内瓦斯流动阻力，单位为 MPa；d 为钻孔直径，单位为 m；d_1 为钻杆或封孔器直径，单位为 m；μ 为瓦斯的流动黏度，单位为 MPa · d；L 为钻孔长度，单位为 m；r_1 为钻杆或封孔器直径，单位为 m。

由于煤体钻孔壁面比较粗糙，与普通圆形管道相比，流体通过的阻力要大得多，因此，应赋予一定的阻力系数，假定该系数为 K，则，实际流量应为 $\dfrac{(p-p_0)\pi(r-r_1)^4}{4K\mu(L-l)}\mathrm{d}t$。

根据钻孔内的气体质量守恒定律，有

$$(p_1^2-p^2)\left(\frac{\lambda}{r}+\sqrt{\frac{\lambda\alpha}{4\pi p_1^{1.5}t}}\right)(r^2+2rl)=10\frac{\partial p}{\partial t}r^2 l+\frac{(p-p_0)(r-r_1)^4}{4K\mu(L-l)} \tag{4-5}$$

式(4-5)的适用条件为 $p\geqslant p_0$。

由于煤层瓦斯压力和钻孔内的气体压力差异较大，可对式(4-5)左边部分内容进行简化，有

$$(p_1^2-p^2)=(p_1-p)(p_1+p)\approx(p_1-p)p_1 \tag{4-6}$$

则微分方程式(4-6)可简化为

$$(p_1^2-p_1 p)\left(\frac{\lambda}{r}+\sqrt{\frac{\lambda\alpha}{4\pi p_1^{1.5}t}}\right)(r^2+2rl)=10\frac{\partial p}{\partial t}r^2 l+\frac{(p-p_0)(r-r_1)^4}{4K\mu(L-l)} \tag{4-7}$$

进一步简化，有

$$\frac{\partial p}{\partial t}+\frac{1}{10r^2 l}\left[\left(\frac{\lambda}{r}+\sqrt{\frac{\lambda\alpha}{4\pi p_1^{1.5}t}}\right)(r^2+2rl)p_1+\frac{(r-r_1)^4}{4K\mu(L-l)}\right]p$$
$$=\frac{1}{10r^2 l}\left[\frac{p_0(r-r_1)^4}{4K\mu(L-l)}+\left(\frac{\lambda}{r}+\sqrt{\frac{\lambda\alpha}{4\pi p_1^{1.5}t}}\right)(r^2+2rl)p_1^2\right] \tag{4-8}$$

式(4-8)为一阶非齐次线性微分方程，求解可得，

$$p=ce^{-\int\frac{1}{10r^2 l}\left[\left(\frac{\lambda}{r}+\sqrt{\frac{\lambda\alpha}{4\pi p_1^{1.5}t}}\right)(r^2+2rl)p_1+\frac{(r-r_1)^4}{4K\mu(L-l)}\right]dt}+e^{-\int\frac{1}{10r^2 l}\left[\left(\frac{\lambda}{r}+\sqrt{\frac{\lambda\alpha}{4\pi p_1^{1.5}t}}\right)(r^2+2rl)p_1+\frac{(r-r_1)^4}{4K\mu(L-l)}\right]dt}$$
$$\times\int\frac{1}{10r^2 l}\left[\frac{p_0(r-r_1)^4}{4K\mu(L-l)}+\left(\frac{\lambda}{r}+\sqrt{\frac{\lambda\alpha}{4\pi p_1^{1.5}t}}\right)(r^2+2rl)p_1^2\right]$$
$$e^{\int\frac{1}{10r^2 l}\left[\left(\frac{\lambda}{r}+\sqrt{\frac{\lambda\alpha}{4\pi p_1^{1.5}t}}\right)(r^2+2rl)p_1+\frac{(r-r_1)^4}{4K\mu(L-l)}\right]dt}dt \tag{4-9}$$

对式(4-9)进行简化有

$$p=ce^{-\frac{1}{10r^2 l}\left[\left(\frac{\lambda}{r}t+2\sqrt{\frac{\lambda\alpha}{4\pi p_1^{1.5}}}t^{0.5}\right)(r^2+2rl)p_1+\frac{(r-r_1)^4 t}{4K\mu(L-l)}\right]}$$
$$+e^{-\frac{1}{10r^2 l}\left[\left(\frac{\lambda}{r}t+2\sqrt{\frac{\lambda\alpha}{4\pi p_1^{1.5}}}t^{0.5}\right)(r^2+2rl)p_1+\frac{(r-r_1)^4 t}{4K\mu(L-l)}\right]}$$
$$\times\frac{1}{10r^2 l}\int\left[\frac{p_0(r-r_1)^4}{4K\mu(L-l)}+\left(\frac{\lambda}{r}+\sqrt{\frac{\lambda\alpha}{4\pi p_1^{1.5}t}}\right)(r^2+2rl)p_1^2\right]$$
$$e^{\frac{1}{10r^2 l}\left[\left(\frac{\lambda}{r}t+2\sqrt{\frac{\lambda\alpha}{4\pi p_1^{1.5}}}t^{0.5}\right)(r^2+2rl)p_1+\frac{(r-r_1)^4 t}{4K\mu(L-l)}\right]}dt \tag{4-10}$$

$$e^{\frac{1}{10r^2 l}\left[\left(\frac{\lambda}{r}t+2\sqrt{\frac{\lambda\alpha}{4\pi p_1^{1.5}}}t^{0.5}\right)(r^2+2rl)p_1+\frac{(r-r_1)^4 t}{4K\mu(L-l)}\right]}\approx 1+$$
$$\frac{1}{10r^2 l}\left\{\left[\frac{\lambda}{r}(r^2+2rl)p_1+\frac{(r-r_1)^4}{4K\mu(L-l)}\right]t+2(r^2+2rl)p_1\sqrt{\frac{\lambda\alpha}{4\pi p_1^{1.5}}}t^{0.5}\right\} \tag{4-11}$$

将式(4-11)代入式(4-10)，有

$$p=ce^{-\frac{1}{10r^2 l}\left[\left(\frac{\lambda}{r}t+2\sqrt{\frac{\lambda\alpha}{4\pi p_1^{1.5}}}t^{0.5}\right)(r^2+2rl)p_1+\frac{(r-r_1)^4 t}{4K\mu(L-l)}\right]}+e^{-\frac{1}{10r^2 l}\left[\left(\frac{\lambda}{r}t+2\sqrt{\frac{\lambda\alpha}{4\pi p_1^{1.5}}}t^{0.5}\right)(r^2+2rl)p_1+\frac{(r-r_1)^4 t}{4K\mu(L-l)}\right]}$$

$$\times \frac{1}{10r^2 l}\int\left[\frac{p_0(r-r_1)^4}{4K\mu(L-l)}+\left(\frac{\lambda}{r}+\sqrt{\frac{\lambda\alpha}{4\pi p_1^{1.5}t}}\right)(r^2+2rl)p_1^2\right]$$
$$\left\{1+\frac{1}{10r^2 l}\left[\frac{\lambda}{r}(r^2+2rl)p_1+\frac{(r-r_1)^4}{4K\mu(L-l)}\right]t+2(r^2+2rl)p_1\sqrt{\frac{\lambda\alpha}{4\pi p_1^{1.5}}}t^{0.5}\right\}\mathrm{d}t \tag{4-12}$$

对式(4-12)进一步积分,有

$$p = c\mathrm{e}^{-\frac{1}{10r^2 l}\left[\left(\frac{\lambda}{r}t+2\sqrt{\frac{\lambda\alpha}{4\pi p_1^{1.5}}}t^{0.5}\right)(r^2+2rl)p_1+\frac{(r-r_1)^4 t}{4K\mu(L-l)}\right]}$$
$$+\frac{1}{10r^2 l}\mathrm{e}^{-\frac{1}{10r^2 l}\left[\left(\frac{\lambda}{r}t+2\sqrt{\frac{\lambda\alpha}{4\pi p_1^{1.5}}}t^{0.5}\right)(r^2+2rl)p_1+\frac{(r-r_1)^4 t}{4K\mu(L-l)}\right]}$$
$$\times\left\{(r^2+2rl)p_1^2\sqrt{\frac{\lambda\alpha}{\pi p_1^{1.5}}}t^{0.5}+\left[\frac{p_0(r-r_1)^4}{4K\mu(L-l)}+\frac{\lambda(r^2+2rl)p_1^2}{r}\right.\right.$$
$$\left.+\frac{\lambda\alpha p_1^{1.5}(r^2+2rl)^2}{20\pi r^2 l}\right]t$$
$$+\left[\frac{p_0(r-r_1)^4}{4K\mu(L-l)}+\frac{\lambda(r^2+2rl)p_1^2}{r}\right]\frac{(r^2+2rl)p_1}{15r^2 l}\sqrt{\frac{\lambda\alpha}{\pi p_1^{1.5}}}t^{1.5}+$$
$$\frac{(r^2+2rl)p_1^2}{30r^2 l}\sqrt{\frac{\lambda\alpha}{\pi p_1^{1.5}}}\left[\frac{\lambda(r^2+2rl)p_1}{r}+\frac{(r-r_1)^4}{4K\mu(L-l)}\right]t^{1.5}$$
$$\left.+\frac{1}{20r^2 l}\left[\frac{p_0(r-r_1)^4}{4K\mu(L-l)}+\frac{\lambda(r^2+2rl)p_1^2}{r}\right]\left[\frac{\lambda(r^2+2rl)p_1}{r}+\frac{(r-r_1)^4}{4K\mu(L-l)}\right]t^2\right\} \tag{4-13}$$

初始条件,当 $t=0$ 时,$p=p_0$,代入式(4-13),有

$$c = p_0 \tag{4-14}$$

将式(4-14)代入式(4-13),有

$$p = p_0\mathrm{e}^{-\frac{1}{10r^2 l}\left[\left(\frac{\lambda}{r}t+2\sqrt{\frac{\lambda\alpha}{4\pi p_1^{1.5}}}t^{0.5}\right)(r^2+2rl)p_1+\frac{(r-r_1)^4 t}{4K\mu(L-l)}\right]}$$
$$+\frac{1}{10r^2 l}\mathrm{e}^{-\frac{1}{10r^2 l}\left[\left(\frac{\lambda}{r}t+2\sqrt{\frac{\lambda\alpha}{4\pi p_1^{1.5}}}t^{0.5}\right)(r^2+2rl)p_1+\frac{(r-r_1)^4 t}{4K\mu(L-l)}\right]}$$
$$\times\left\{(r^2+2rl)p_1^2\sqrt{\frac{\lambda\alpha}{\pi p_1^{1.5}}}t^{0.5}+\left[\frac{p_0(r-r_1)^4}{4K\mu(L-l)}+\frac{\lambda(r^2+2rl)p_1^2}{r}\right.\right.$$
$$\left.+\frac{\lambda\alpha p_1^{1.5}(r^2+2rl)^2}{20\pi r^2 l}\right]t$$

$$
\begin{aligned}
&+\left[\frac{p_0(r-r_1)^4}{4K\mu(L-l)}+\frac{\lambda(r^2+2rl)p_1^2}{r}\right]\frac{(r^2+2rl)p_1}{15r^2l}\sqrt{\frac{\lambda\alpha}{\pi p_1^{1.5}}}t^{1.5}\\
&+\frac{(r^2+2rl)p_1^2}{30r^2l}\sqrt{\frac{\lambda\alpha}{\pi p_1^{1.5}}}\left[\frac{\lambda(r^2+2rl)p_1}{r}+\frac{(r-r_1)^4}{4K\mu(L-l)}\right]t^{1.5}\\
&+\frac{1}{20r^2l}\left[\frac{p_0(r-r_1)^4}{4K\mu(L-l)}+\frac{\lambda(r^2+2rl)p_1^2}{r}\right]\left[\frac{\lambda(r^2+2rl)p_1}{r}+\frac{(r-r_1)^4}{4K\mu(L-l)}\right]t^2\Bigg\}
\end{aligned}
\tag{4-15}
$$

式(4-15)描绘了钻孔测定室内的气体压力与有关参数的关系，这些参数包括井巷大气压力、钻孔半径、钻孔瓦斯流动时间、煤层透气性系数、瓦斯含量系数、原始煤层瓦斯压力、瓦斯室长度、钻杆或封孔器半径、阻力系数、瓦斯流动黏度和钻孔长度。

4.2　钻孔瓦斯流动规律分析

由于式(4-15)较为复杂，难以直接判断这些参数对气体压力的影响，为此，设置有关参数的数值，并进行变化，再根据气体压力分布曲线的变化来分析钻孔瓦斯流量的变化规律。

在钻孔瓦斯涌出初速度测定过程中，不同测定条件(主要包括不同煤层和不同测定钻孔深度)虽然存在很大差异，但是，也有很多参数是基本一致的，具体如下：井巷大气压力通常约为 0.1MPa，《防治煤与瓦斯突出规定》要求钻孔直径为 42mm，瓦斯室长度为 1m，钻杆或封孔器直径通常也为 38～40mm，瓦斯流动黏度为 1.08×10^{-5}Pa·s。因此，真正影响瓦斯室气体压力的参数只有钻孔瓦斯流动时间、煤层透气性系数、瓦斯含量系数、原始煤层瓦斯压力、阻力系数和钻孔长度。其中，瓦斯室气体压力随时间变化的曲线是主要研究内容，可以采用计算机自动绘制，参数变化对瓦斯室气体压力影响的研究对象主要为剩余 5 个。共设置了 6 组参数，以第 1 组参数为基准，其余 5 组分别在第 1 组的基础上变化 1 个参数的数值，从而分析该参数对钻孔初始气体压力分布规律的影响；每组参数数值根据突出煤层钻孔瓦斯涌出初速度测定的一般情况来设置，具体见表 4-1。

根据上述参数，可绘制出不同条件下的钻孔瓦斯室气体压力变化曲线图，具体如图 4-3 和图 4-4 所示。

表 4-1　影响钻孔瓦斯室内气体压力的参数表

参数	煤层瓦斯压力/MPa	煤层透气性系数/[m^2/(MPa^2 · d)]	钻孔长度/m	瓦斯含量系数/[m^3/(m^3 · $MPa^{0.5}$)]	阻力系数
1	0.74	0.1	8	10	2
2	1	0.1	8	10	2
3	0.74	0.5	8	10	2
4	0.74	0.1	12	10	2
5	0.74	0.1	8	15	2
6	0.74	0.1	8	10	3

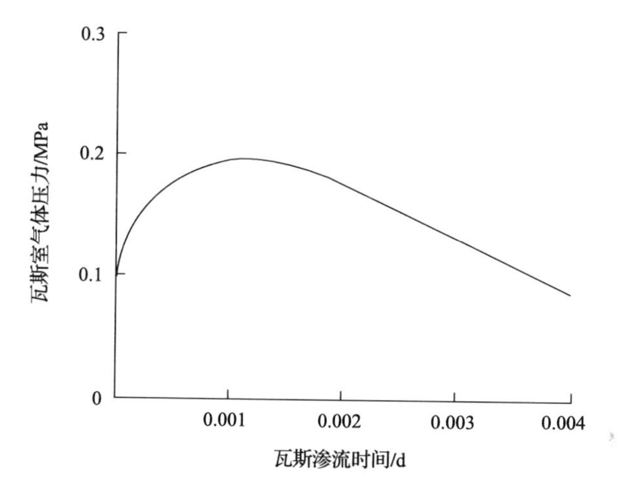

图 4-3　初始设定条件下的曲线图

根据图 4-3 可知，在钻孔瓦斯涌出初速度测定过程中，钻孔最前方瓦斯室的气体压力呈先上升后下降的趋势，并且，上升的速度要比下降的快；在初始参数设置条件下，瓦斯压力峰值出现在 0.0013 天（大约 2 分钟），瓦斯压力峰值为 0.19MPa。

根据图 4-4 可知，当瓦斯压力由 0.74MPa 上升为 1.0MPa 时，钻孔最前方瓦斯室气体压力曲线的变化趋势不变，瓦斯压力峰值仍然出现在 0.0013 天（大约 2 分钟），瓦斯压力峰值为 0.25MPa，上升了 0.06MPa。

由此可见，煤层瓦斯压力的变化不会改变钻孔瓦斯室内气体压力峰值出现的时间，仅带来峰值在数值上的变化，从而使得所测钻孔瓦斯涌出初速度增大。

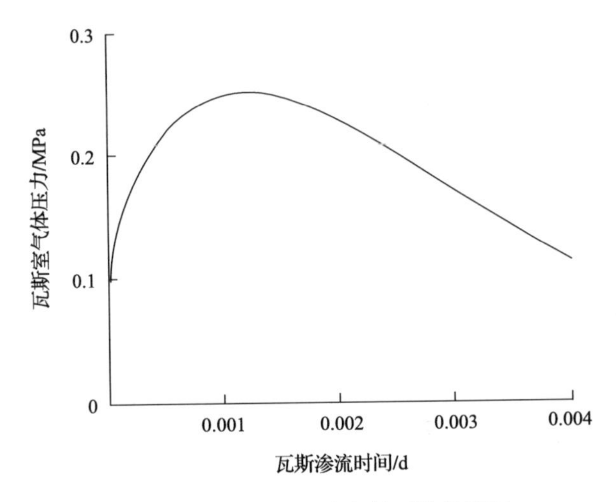

图 4-4　改变瓦斯压力条件下的曲线图

根据图 4-5 可知，当煤层透气性系数由 0.1m²/(MPa²·d)上升为 0.5m²/(MPa²·d)时，钻孔最前方瓦斯室气体压力曲线的变化趋势不变，瓦斯压力峰值出现在 0.0016 天（大约 2.3 分钟），延迟了 0.3 分钟，瓦斯压力峰值为 0.41MPa，变化幅度较大，上升了 0.22MPa。

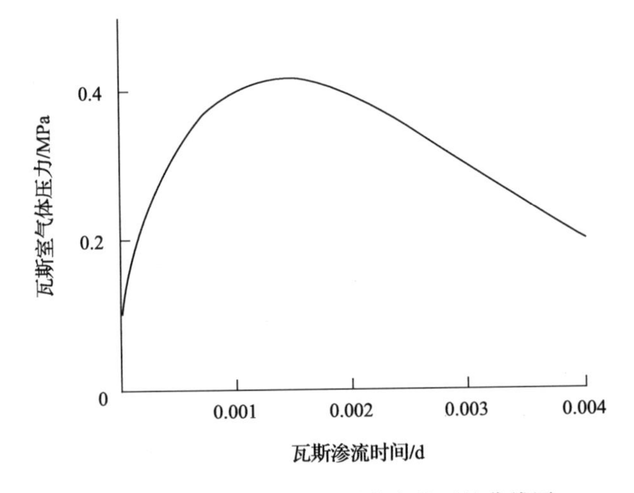

图 4-5　改变煤层透气性系数条件下的曲线图

当煤层透气性系数增大后，钻孔内瓦斯室气体压力峰值出现的时间和气体压力数值都将发生变化，煤层透气性越好，出现峰值的时间越晚，瓦斯室内气体压力峰越高，钻孔瓦斯涌出初速度越大。因此，对于松软低透气性煤层来说，要尽可能缩短钻孔瓦斯涌出初速度测定工作的准备时间，并且，瓦斯流量大小不能作为突出预测的唯一指标。

根据图 4-6 可知，当测定钻孔长度由 8m 上升为 12m 时，钻孔最前方瓦斯室气体压力曲线的变化趋势不变，瓦斯压力峰值出现在 0.0021 天(大约 3 分钟)，延迟了 1 分钟，瓦斯压力峰值为 0.23MPa，上升了 0.04MPa。

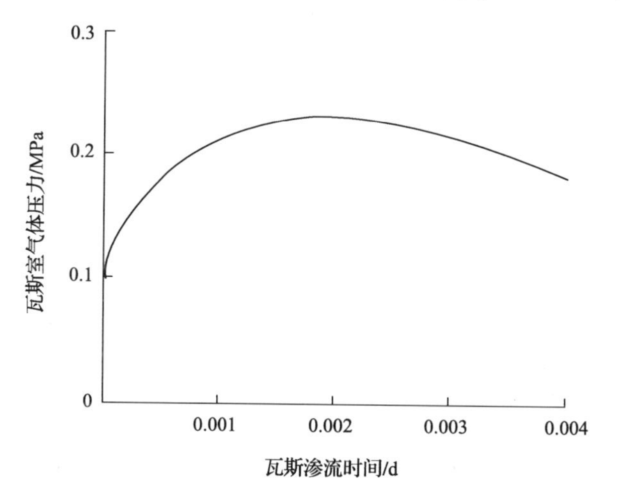

图 4-6　改变钻孔长度条件下的曲线图

当测定钻孔长度增加后，钻孔内瓦斯室气体压力峰值出现的时间明显增加，气体压力数值变化幅度不大。由此可见，测定钻孔越长，出现峰值的时间越晚，虽然测定钻孔长度增加会导致退钻杆和送封孔器的时间增加，但是，如果采取措施，有效降低送封孔器的阻力和封孔器自身膨胀的时间，则深钻孔瓦斯涌出初速度测定是完全可以实现的。

根据图 4-7 可知，当瓦斯含量系数由 $10m^3/(m^3 \cdot MPa^{0.5})$ 上升为 $15m^3/(m^3 \cdot MPa^{0.5})$ 时，钻孔最前方瓦斯室气体压力曲线的变化趋势不变，瓦斯压力峰值仍然出现在 0.0013 天(大约 2 分钟)，瓦斯压力峰值为 0.22MPa，上升幅度不大，为 0.03MPa。

由此可见，煤层瓦斯含量系数的变化不会改变钻孔瓦斯室内气体压力出现峰值的时间，仅带来峰值在数值上的变化，且变化不大，从而使得所测钻孔瓦斯涌出初速度也会相应有所增加。

根据图 4-8 可知，当钻孔阻力系数由 2 上升为 3 时，钻孔最前方瓦斯室气体压力曲线的变化趋势不变，瓦斯压力峰值出现在 0.0038 天(大约 5.4 分钟),时间延迟幅度较大,为 3.4 分钟,瓦斯压力峰值为 0.29MPa,上升了 0.1MPa。

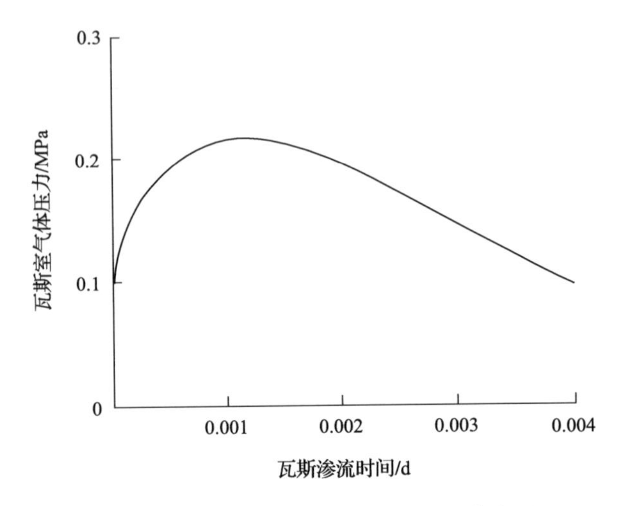

图 4-7　改变瓦斯含量系数条件下的曲线图

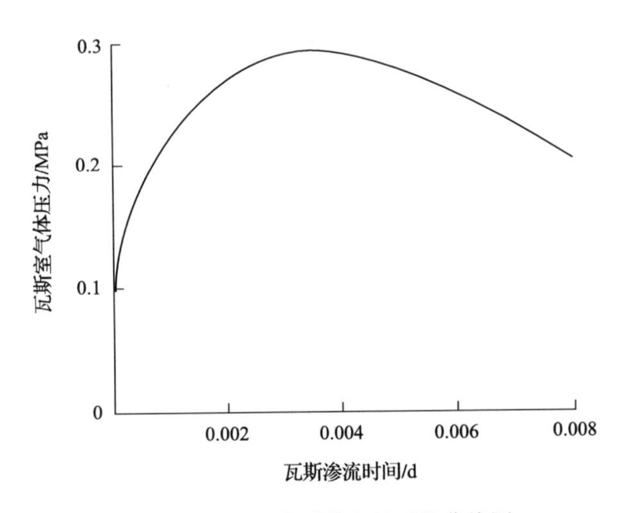

图 4-8　改变阻力系数条件下的曲线图

在钻孔瓦斯涌出初速度测定过程中,对于松软低透突出煤层来说,打钻时,可能会发生塌孔等现象,使得钻杆被夹,或钻孔被堵,导致钻孔瓦斯室气流不畅,瓦斯室内气体压力峰值上升,并且峰值出现的时间严重滞后。

综上所述,在 q 值测定过程中,钻孔最前方瓦斯室的气体压力呈先上升后下降的趋势，且上升的速度比下降的快；瓦斯压力峰值为 0.19～0.41MPa，峰值出现的时间在 2～5.4min；q 值测定的所有准备工作必须在该峰值出现之前完成并进行测定。瓦斯室内气体压力峰值大小与煤层瓦斯压力、煤层透气性系数和测定钻孔阻力系数成正比例关系，与测定钻孔长度和煤层瓦斯含量系数的关系不是很明显；瓦斯室内气体压力峰值出现的时间与煤层瓦斯压力和煤层瓦斯含量系数基本无关，与煤层透气性系数、测定钻孔长度及测定钻孔阻力系数成正比例关系。

第5章　新型钻孔瓦斯涌出初速度测定装备研制

针对传统钻孔瓦斯涌出初速度测定装备在测定钻孔深度、密封性能及参数测定可靠性等方面存在的不足，本章主要介绍新型钻孔瓦斯涌出初速度测定装备的设计、加工、制造与性能检测。新装备既能缩短封孔器的送入时间，降低封孔器送入钻孔过程中的阻力，有效提高测定深度和测定参数的可靠性与种类，又能满足行业标准的要求，为突出矿井安全、高效开采提供技术保障。

5.1　新型钻孔瓦斯涌出初速度测定装备结构与原理

根据测定钻孔轴线形状的非线性，设计出 RS-1 型柔性深钻孔瓦斯涌出初速度测定装备，其工作原理如图 5-1 所示。

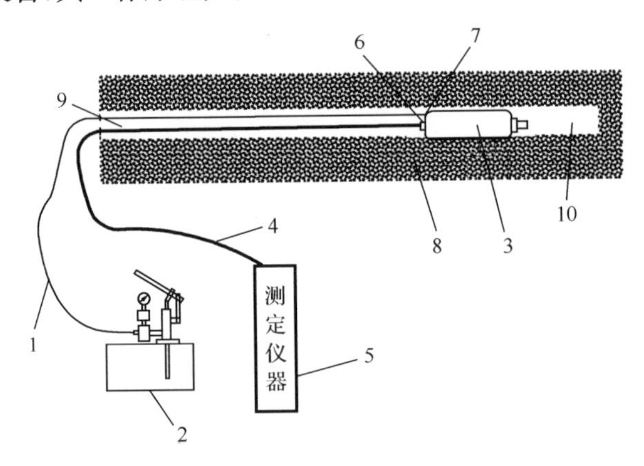

图 5-1　新型钻孔瓦斯涌出初速度测定装备工作原理示意图

1. 膨胀液管；2. 手动试压泵；3. 封孔器；4. 流量管；5. 气体参数测定仪；6. 流量管接头；7. 注液管接头；8. 煤层；9. 钻孔；10. 瓦斯室

由图 5-1 可知，新型钻孔瓦斯涌出初速度测定装备的主要构成部件有封孔器、封孔器、流量胶管(同时兼做护管)、膨胀液管、手动试压泵及测定仪器。膨胀液管一端与手动试压泵连接，另一端与封孔器的注液管接头连接；流量管一端与测定仪器连接，另一端与封孔器的流量管接头连接。工作时，通过流量管将封孔器送入事先在煤层中打好的钻孔，钻孔的底端为瓦斯室，当封孔器置于瓦斯室后，通过流量管与封孔器连接的测定仪器可以检测瓦斯室内的气体流量；手动试压泵可通过膨胀液管向封孔器内注入所需的膨胀液。

该装备的工作原理是：利用手动试压泵将液体通过膨胀液管注入封孔器（钢丝胶囊），胶囊在液体的高压作用下，自行膨胀与钻孔孔壁接触；当胶囊的表层与钻孔孔壁之间的应力达到一定程度后，一方面，钻孔孔壁在该应力作用下被压缩，钻孔孔壁周围煤体裂隙趋于闭合状态，另一方面，胶囊自身发生变形，部分胶囊表层进入钻孔孔壁表面的低洼区域，有效封堵了胶囊前方瓦斯室的低压气体；从而，迫使瓦斯室的瓦斯经流量管流出，并进入测定仪器，最终通过它读出单位时间内的钻孔瓦斯涌出量的最高值，即为钻孔瓦斯涌出初速度。

5.2　新型钻孔瓦斯涌出初速度测定装备设计与制造

5.2.1　装备主体结构设计与制造

1. 装备主体结构设计

与传统钻孔瓦斯涌出初速度测定装备相比，新型钻孔瓦斯涌出初速度测定装备的设计主要从以下三个方面进行了改进。

(1) 采用特制软硬合适的胶管作为测量管，在平时，可以将其盘起，方便携带。在使用时，直接松开、送入钻孔预定位置，不但可以节省管路连接时间，还可防止管路连接处因密封不良而引起的瓦斯泄漏。另外，由于这种柔性软管相对便于弯曲，因而它对非线性钻孔的适应性比较强，非常容易送入钻孔深处。

(2) 采用耐压强度相对较高的钢丝胶囊作为封孔器，可有效提高胶囊表层和孔壁之间的应力，可增强胶囊对钻孔的密封效果。

(3) 新的封孔器可以让胶囊自由伸缩，当向胶囊内注入膨胀液时，轴向缩短，径向膨胀。反之，则轴向伸长，径向收缩，可有效提高胶囊的使用寿命。

对于上述三个方面的技术革新来说，技术含量最高、难度最大的当属封孔胶囊的设计，该胶囊的结构如图5-2所示。

防堵管通过螺纹连接进气管前端，可以在不阻碍瓦斯气体进入进气管的同时，有效防止煤渣进入进气管后造成进气管堵塞。进气管尾端与一级螺纹接头一端通过螺纹连接固定，一级螺纹接头另一端通过螺纹连接二级螺纹接头前端后，一级螺纹接头和二级螺纹接头一起套设在内置流量钢管前端，进而带动防堵管和进气管在内置流量钢管上滑动。

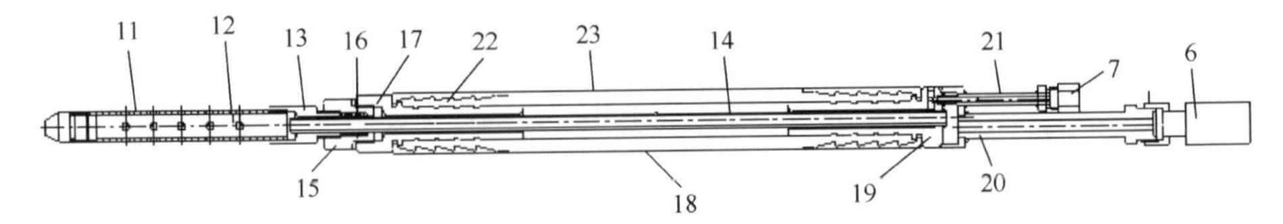

图 5-2　新型钻孔瓦斯涌出初速度测定装备封孔器结构图

6. 流量管接头；7. 注液管接头；11. 防堵管；12. 进气管；13. 一级螺纹接头；14. 内置流量钢管；15. 二级螺纹接头；16. 滑动密封圈；17. 前置端头；18. 钢丝胶囊(包括内置钢丝网 22 和外置胶皮 23)；19. 后置端头；20. 外置流量钢管；21. 注液钢管

在内置流量钢管前端上还分别套设有滑动密封圈和前置端头，前置端头与二级螺纹接头后端通过螺纹连接，滑动密封圈紧密夹设在二级螺纹接头与前置端头之间。内置流量钢管外部还套设有钢丝胶囊，前置端头通过扣压机的压力作用压设在钢丝胶囊前端，可防止钢丝胶囊里面的液体泄漏；内置流量钢管尾端套设有后置端头，两者焊接固定在一起，后置端头也通过扣压机的压力作用压设在钢丝胶囊后端，在后置端头上还焊接有外置流量钢管和注液钢管，外置流量钢管与内置流量钢管相连通，注液钢管与钢丝胶囊相连通。在外置流量钢管后端通过螺纹连接流量管接头，注液钢管后端通过螺纹连接注液管接头。

钢丝胶囊包括内置钢丝网和外置胶皮，外置胶皮直接浇注在内置钢丝网外部，形成一体式结构。流量管由软硬合适的胶管制作而成，既可防止传统钢管连接因密封不良而引起的瓦斯泄漏，又具有一定的柔性，对非线性钻孔的适应性强，能推动封孔器在钻孔中快速向前移动，在 2min 内到达较深的测定位置。流量管在不用时，可以将其盘起，方便携带；在使用时，可以将其直接松开，送入钻孔预定位置，能够节省管路连接时间。

膨胀液可从膨胀液管内流经注液钢管进入内置流量钢管、前置端头、钢丝胶囊及后置端头所形成的空间内，钢丝胶囊中的内置钢丝网和外置胶皮均具有很强的弹性，钢丝胶囊内部最大承受压力为 6MPa，可根据内部膨胀液的压力大小自由伸缩。当注入膨胀液时，钢丝胶囊径向膨胀而轴向收缩；当放出膨胀液时，钢丝胶囊径向收缩而轴向延伸，从而带动防堵管、进气管、一级螺纹接头、二级螺纹接头、滑动密封圈和前置端头在内置流量钢管上滑动。当钢丝胶囊径向膨胀时，能有效提高其与钻孔孔壁间的应力，增强对钻孔的密封效果，防止瓦斯从钻孔中泄露出去；钢丝胶囊的自由伸缩特性可有效降低形变大小，提高封孔器使用寿命。

瓦斯室内的瓦斯气体通过防堵管依次进入进气管、内置流量钢管、外置流量钢管和流量管到达测定仪器，从而进行瓦斯涌出初速度检测。

2. 装备主体结构的加工与制造

根据新型钻孔瓦斯涌出初速度测定装备的设计与工作原理，对该装备进行加工制作，具体实物如图5-3所示。

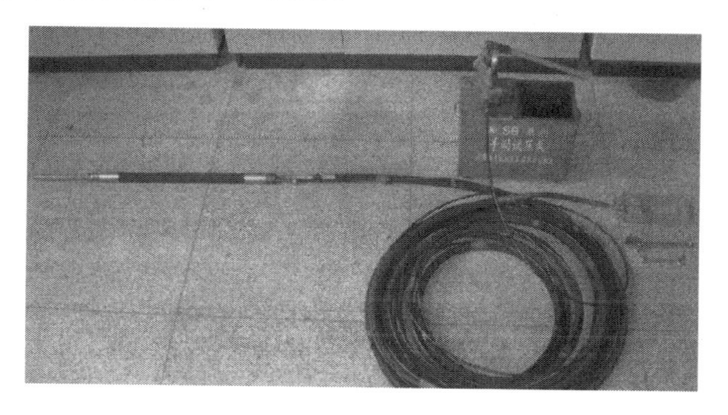

图5-3　新型钻孔瓦斯涌出初速度测定装备实物图

该装备加工制作完成后，在河北省矿井灾害防治重点实验室进行实验，实验内容如下：在自由状态下通过手动试压泵向封孔胶囊注入高压液体，观察胶囊自身及其内置进气管的变化，具体如图5-4所示。

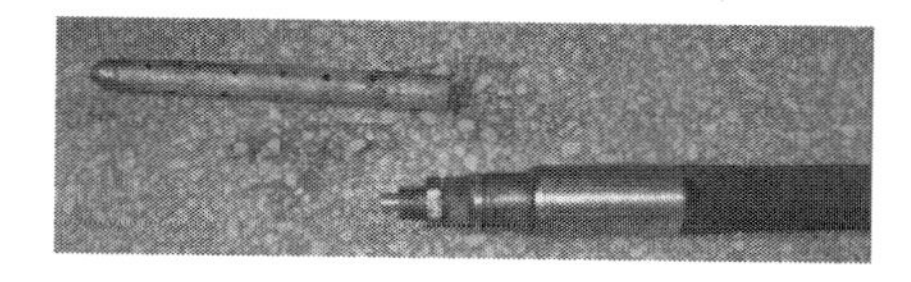

(a) 加压前

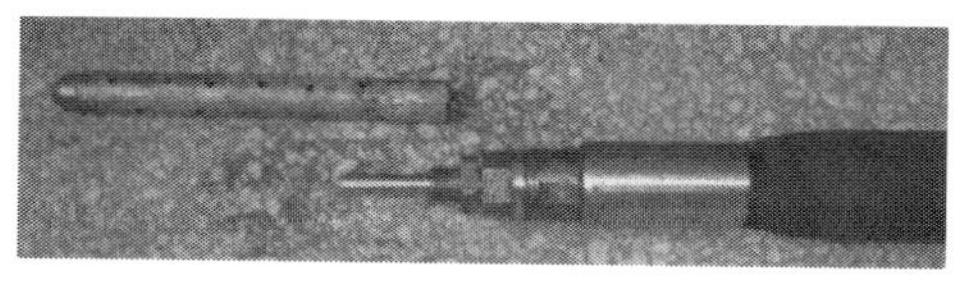

(b) 加压后

图5-4　新型钻孔瓦斯涌出初速度测定装备加压前后封孔胶囊轮廓图

根据图5-4可知，与加压前相对比，注入高压液体后，胶囊径向膨胀，直径增大，轴向收缩，长度减小，进气管漏出胶囊的部分明显增大，并且进气管外围无液体泄漏。实验结果显示，本装备研制的核心部件（封孔胶囊无泄漏自由变形）完全满足要求。

5.2.2　装备主体结构的改进

上述所研制的钻孔瓦斯涌出初速度测定装备虽然基本能够满足煤与瓦斯

突出深孔预测的需要，但是，突出预测实践表明，有三个方面仍需改进，具体如下。

1. 手动试压泵的改进

新型钻孔瓦斯涌出初速度测定装备如果采用传统手动试压泵，则存在两个方面的问题：一是箱体的容量大，而该装置所需膨胀液比较少，不仅浪费，而且笨重；二是箱体上面的部分固定不动，而在未使用的情况下（储存和运输），箱体又是空的，不协调。

为此，从这两个方面对此进行改进，所设计的改进型试压泵的结构图如图 5-5 和图 5-6 所示。

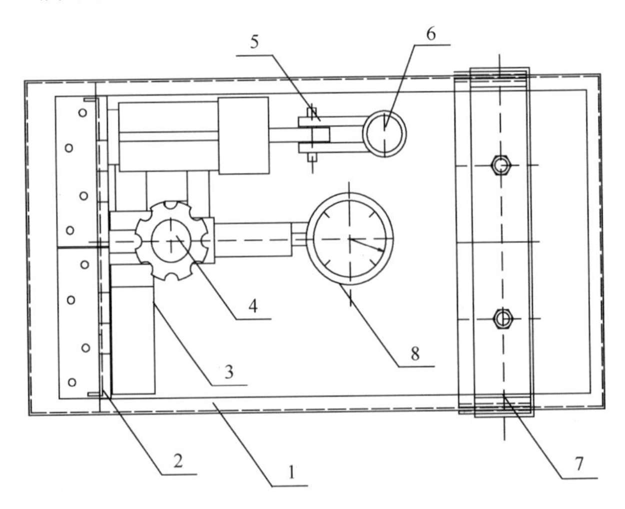

图 5-5　改进型手动试压泵结构图（未使用）

1. 箱体；2. 活动翻板；3. 液体流出接头；4. 开关；5. 传递杆；6. 施压棒插口接头；7. 挡板；8. 压力表

根据上述原理图，加工制作出了改进型试压泵，所加工的改进型试压泵的实物如图 5-7 和图 5-8 所示。

根据图 5-7 和图 5-8 可知，改进型的手动试压泵的体积和重量明显要比传统试压泵小；而且在不使用的时候，试压泵的箱体上面部分可置于箱体内部，进一步减小了试压泵所占的空间体积，具体操作方法是将挡板向后移动，则该部分在重力作用下，以活动翻板为轴心，通过旋转进入箱体内部，再将挡板移置中部，以防止该部分在搬运过程中跑出箱体之外。

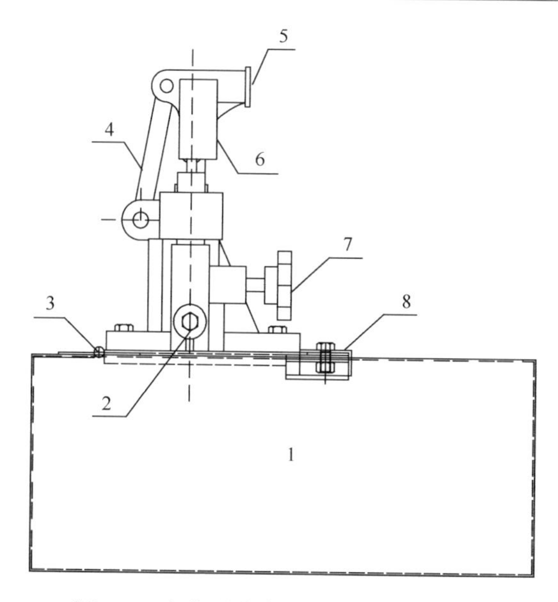

图 5-6　改进型手动试压泵结构图(使用)

1. 箱体；2. 液体流出接头；3. 活动翻板；4. 传递杆；5. 施压棒插口接头；6. 压力表；7. 开关；8. 挡板

图 5-7　改进型手动试压泵实物图(未使用)

2. 封孔器的改进

如图 5-4 所示，封孔器前端的直径由小变大，是通过 5 个档次台阶式的逐渐变化，在这种模式下，当仪器被送入煤层钻孔，它与遗留在煤层钻孔内的煤

图 5-8 改进型手动试压泵实物图(使用)

渣相互作用，容易导致煤渣的积累，使其运移的阻力增大，甚至于送不动，到不了需要测定的预定位置。

为此，采取如下技术措施，对封孔器进行改进，主要是在封孔器的前端添加一个外护套，该护套的截面呈圆形，外表光滑，直径逐渐增大，可有效降低其送入钻孔过程中与煤渣相摩擦的阻力，具体如图 5-9 所示。

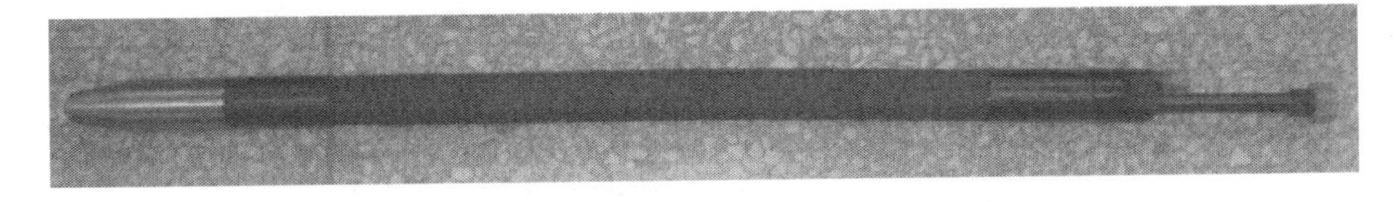

图 5-9 改进型封孔器实物图

3. 流量管的改进

前期设计的流量管为一根高压胶管，基本能够满足钻孔瓦斯涌出初速度测定需要，但是也存在一些问题，需要改进。一是由于流量管比较长，盘好后所占空间体积较大，不利于装箱运输；二是对测定钻孔深度的适应性不是很灵活，因为无论测定钻孔深度多长，流量管的长度都是固定的。

为此，将流量管截断，每根长约 1m，两头安装接头，每两根之间采用螺纹连接。既便于装箱运输，又可根据实际需要，配置流量管的根数；而且不影响流量管对非线性钻孔的适应能力。

5.2.3　煤层钻孔气体参数测定装置的设计与制造

目前,煤层钻孔气体参数测定方法具有多样性,归纳起来,还存在三个方面的不足:一是多数只能依靠肉眼读取数据,如多级孔板流量计、浮子流量计、气体压力表和便携式瓦检仪等,当测定时间较长时,测定结果的最高值可能会遗漏;二是钻孔气体参数测定种类单一,没有办法同时显示钻孔气体的多种参数数据,而煤矿井下所发生的瓦斯事故往往是多种因素共同作用的结果;三是不能实时显示结果,需要将井下煤层钻孔内采取的气样,携带到地面实验室,使用气相色谱仪器对气体进行分析,耗时较长,延误防治时机,造成重大瓦斯事故。

因此,为提高煤层钻孔气体参数测定结果的可靠性、时效性,实时判析瓦斯灾害的危险程度,研制一种同时测定多种气体参数并能实时显示与记录数据的装置显得尤为迫切。

1. 煤层钻孔气体参数测定装置的设计

根据煤层钻孔气体参数测定的功能要求,对该装置进行设计,具体如图 5-10 所示。

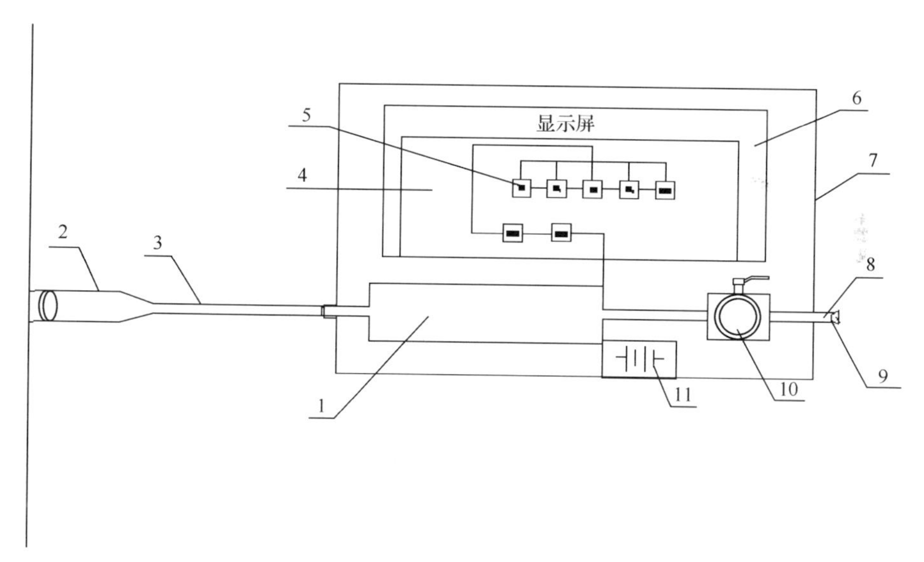

图 5-10　测定装置结构示意图

1. 气室;2. 采集器;3. 软管;4. 处理电路;5. 传感器;6. 显示屏;7. 外壳;8. 排气管;9. 堵头;10. 防爆电磁阀;11. 电池

采集管设置为中空管路，一端与软管相连通，软管为具有一定柔性和硬度的橡胶管，用于把气体导入测定装置；外壳设置为侧面开有圆孔的长方体金属箱，软管通过外壳上的圆孔伸入壳内与气室相连接；气室内设置有过滤装置，对吸入的气体进行初步过滤；既能保证检测精度，又可提高测定装置的使用寿命。

传感器与处理电路之间采用电连接，处理电路通过导线连接显示屏，处理电路用于整个测定数据的处理和分析，并给显示屏提供数据；显示屏用于显示气体参数，供操作者实时观测参数，显示屏正面向外，固定在外壳开口上，开口的形状与显示屏的形状相匹配；气室连接防爆电磁阀，防爆电磁阀另一端连接排气管，通过外壳上的圆孔伸出壳外；显示屏、处理电路和防爆电磁阀与电池之间均为电连接。

采用上述方案进行设计的装置能够同时测定煤层钻孔内的气体浓度（包括甲烷、硫化氢和一氧化碳）、气体流量、气体温度和气体压力（包括高压和低压），并且实时显示、连续记录以便于读取数据，可为煤层钻孔气体参数测定提供准确的数据，便于煤矿井下工程技术人员及时、准确地掌握该煤层的瓦斯灾害危险程度。

2. 煤层钻孔气体参数测定装置加工制造

根据上述设计方案，对煤层钻孔气体参数测定装置进行加工与制造，具体实施的方案如下：外壳为一长方体，材质为钢板，结构尺寸为250mm×200mm×200mm；软管采用具有一定硬度和柔性的橡胶管，用于把气体导入测定装备；传感器的具体型号如下：甲烷传感器的型号为GS+4CH_4，硫化氢传感器的型号为GS+4H_2S，一氧化碳传感器的型号为GS+4CO，压力传感器的型号为SPD300ABto05，温度传感器的型号为JPT100，流量传感器的型号为FGS-J；处理电路的型号为CCU-FDTV；显示屏为LED电子显示屏；防爆电磁阀的型号为LD51；电池的型号为骆驼牌6-QW-135MFK。

加工制造出的煤层钻孔气体参数测定装置实物如图5-11所示。在使用前，预先在地面将电池充满电，然后带入井下测试地点；将煤层钻孔封孔器与采集管连接起来，打开堵头和电池的开关，在显示屏上设置本次测试的名称。待测定钻孔密封好后，通过显示屏启动测定程序，仪器开始测定、记录和保存数据（每秒钟进行一次）。测量结束后，打开电磁阀，将气室中的气体排放出去，关闭电源。本次测试结束后，不但可直接在显示屏上读取所测最大数值，而且在地面可将测定数据导入计算机。

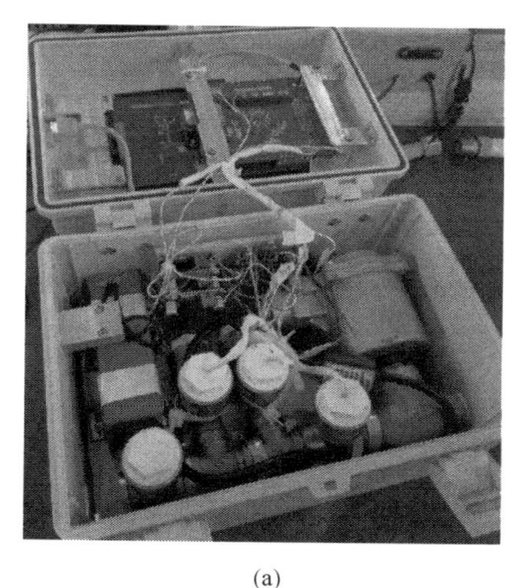

(a)

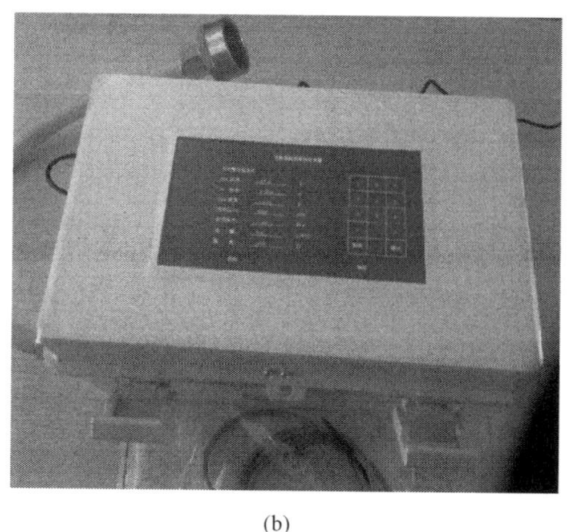

(b)

图 5-11　煤层钻孔气体参数测定装置实物图

通过上述操作，即可实现煤矿井下煤层钻孔气体参数的实时、连续测试与数据显示、记录、储存和读取。

3. 运输、存储及充电要求

1) 运输要求

(1) 设备必须面板朝上并保护，由于面板上集成了显示屏，为保证显示屏不被破坏，需将显示屏朝上并用保护层保护。

(2) 设备轻拿轻放，不能随意抛丢、跌落、剧烈震动等。

(3) 防水、防潮，在运输过程中不能让水直接接触设备。防止内部电路的损坏。

(4) 设备应采用专用的包装箱包装，不能损坏设备的任何一个部件。

2) 存储要求

(1) 在设备长时间不工作时，应关掉所有开关。

(2) 每隔一段时间(4～6 天)进行电池电量的检查，当电池电量指示灯为一格绿色时，及时充电，保证设备下一次能正常使用。

(3) 面板检查，当短时间存储，且不在包装箱中存储时，应及时用软布或者鹿皮擦除面板的灰尘。

(4) 查看导气管和电磁阀出气口处是否畅通，不能有阻挡物，如有及时取出并进行处理。

(5) 设备长时间不工作时,应放置在室温条件下(20℃左右)。

(6) 一般情况下湿度控制在30%左右,严禁长时间存放在潮湿的环境。

(7) 设备严禁在太阳下暴晒,需存储在通风、阴凉的环境。

3) 充电要求

(1) 充电时将充电器的充电插头插入电池充电接口中,此时打开电池上的开关,并同时关闭控制仪器工作的开关。

(2) 将充电器插入外部电源插座,开始充电,检查充电器上的灯是否为红色,红色表示在充电,绿色表示充电已完成。

(3) 充电完成后,先关闭电池上的开关,然后从外部电源插座上拔掉充电器,再将充电器的充电插头从电池充电接口中拔出。

(4) 严禁在井下充电,严禁在井下拆卸更换电池。

(5) 充电需专人管理,按要求充电。

5.2.4 装备的外观结构设计与加工

与传统钻孔瓦斯涌出初速度测定装备相比,所研发的新型钻孔瓦斯涌出初速度测定装备虽然准确度高、测定钻孔长度较深,但是体积和重量也相对较大。因此,为了便于该装备的保管、搬运与井下存放,避免零部件的丢失,对该装备进行整体性设计与加工制造就显得尤为迫切。

装备的整体结构和外观设计如下:将测定仪器的核心部件放置于一个箱体内部,该箱体即为新型钻孔瓦斯涌出初速度测定装备的整体结构,结构采用方形设计,其边缘部分采用弧线结构,避免碰撞伤人;在外观设计方面,喷涂比较鲜艳带有警示性的颜色,使得井下工人容易发现该装备,并且能够提高他们对安全生产的警惕性。

根据上述设计原理,开展该装备的整体结构设计,具体如图5-12所示。它由1个进气管、1个封孔器、1个膨胀液管、15个流量管、1个手动试压泵、1个测定仪器(煤层钻孔气体参数测定装置或板孔流量计等)和1个盛装箱组成。进气管、封孔器和流量管直接放置于盛装箱的底部,手动试压泵也放在盛装箱的上部,测定仪器(板孔流量计等)及有关工具放置于盛装箱内的工具上(如果测定仪器是煤层钻孔气体参数测定装置,则须另外独立放置),膨胀液管直接放置于手动试压泵和工具盒之间的盛装箱内。

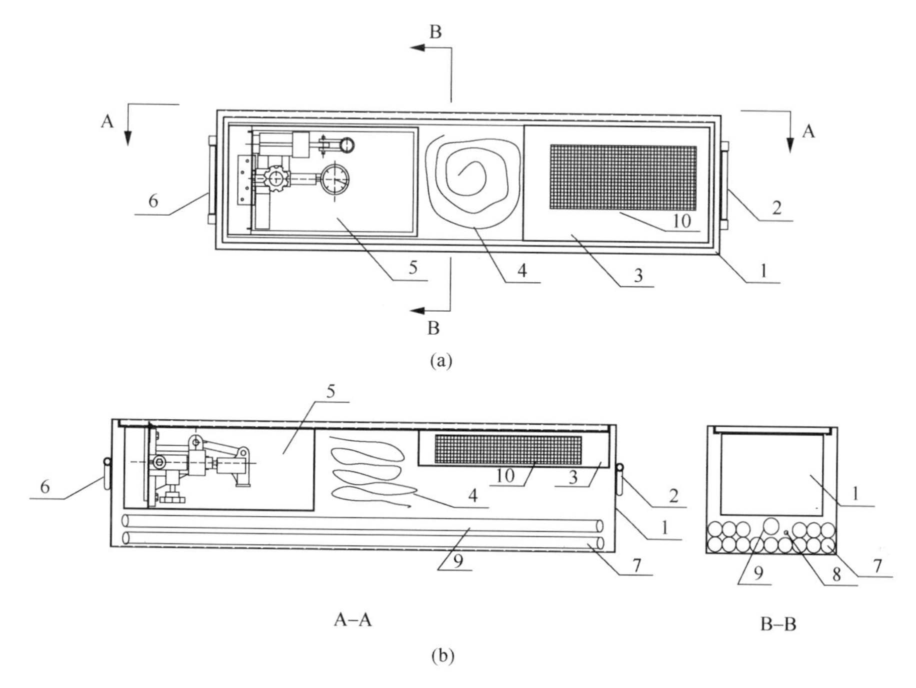

图 5-12　新型钻孔瓦斯涌出初速度测定装备的整体结构图

1. 盛装箱；4. 膨胀液管；5. 手动试压泵；7. 流量管；8. 进气管；9. 封孔器；10. 测定仪器

其中，盛装箱 1 上配有提手 2、提手 6 和工具盒 3

盛装箱为长方体，长 1100mm，宽和高均为 300mm，它的边缘部分采用弧线结构；采用不锈钢焊接制作而成，表面喷涂颜色选用黄色，具有较好的警示性；盛装箱两头各配一个弹性提手，采用螺丝锚固连接，内置弹簧，搬运箱体时，提手在拉力作用下弹起，静放时，提手自动下垂，与箱体外壁紧贴；内置工具盒与盛装箱采用电焊连接，工具盒长 400mm、宽 300mm、高 80mm；箱盖与下部箱体采用弹簧牵连，并配有两道锁具。

根据上述原理所设计的新型钻孔瓦斯涌出初速度整体结构图，开展该装备的加工制作，具体如图 5-13～图 5-15 所示。

根据图 5-13～图 5-15 可知，加工制作的盛装箱能够容纳下钻孔瓦斯涌出初速度测定装备及其附属配件，并且结构比较紧凑，体积也不大，用于煤矿井下使用时，两名工人通过侧面的提手即可搬运(总重量约为 40kg)。另外，外观也比较清晰明显，对煤矿井下低能见度环境适应性也比较强。

图 5-13　新型钻孔瓦斯涌出初速度测定装备盛装箱内部结构实物图

图 5-14　新型钻孔瓦斯涌出初速度测定装备盛装箱外表结构实物图

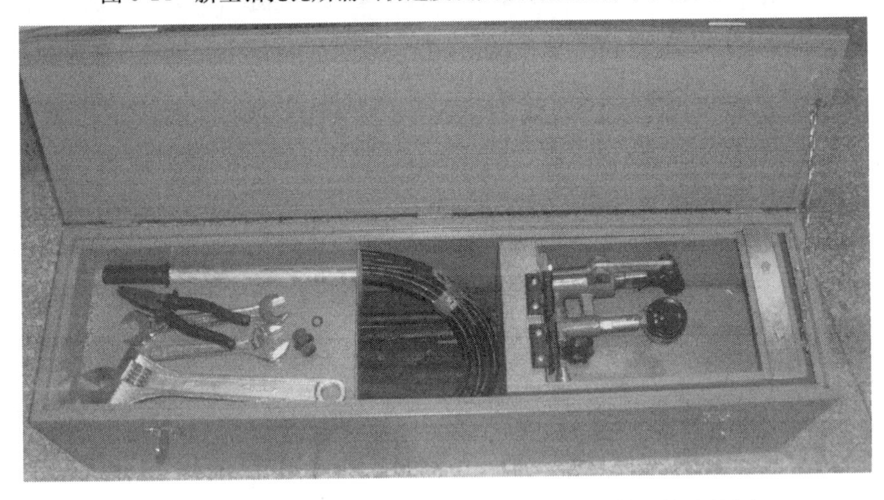

图 5-15　新型钻孔瓦斯涌出初速度测定装备整体结构实物图

5.3　新型钻孔瓦斯涌出初速度测定装备性能检测与分析

在开展新型钻孔瓦斯涌出初速度测定装备井下应用性试验之前,先在实验室开展该装备的有关性能检测。

5.3.1　封孔器的密封性能检测

在实验室开展新型钻孔瓦斯涌出初速度测定装备的打压膨胀检测实验,具体见图 5-16 和图 5-17。

图 5-16　新型钻孔瓦斯涌出初速度测定装备实验检测初始状态图

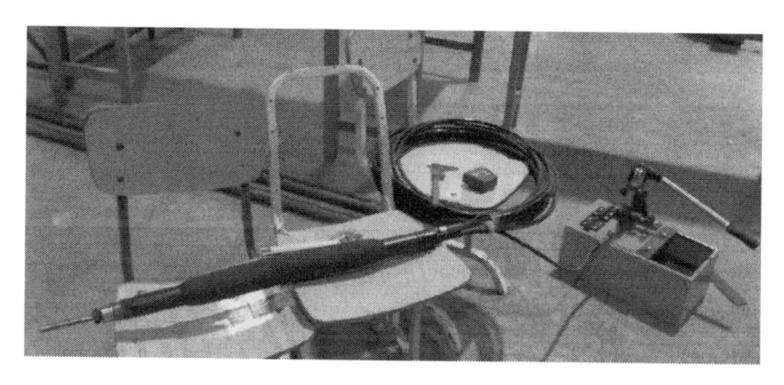

图 5-17　新型钻孔瓦斯涌出初速度测定装备实验检测打压膨胀图

实验方案如下：利用试压泵向封孔器内注入高压水，测定不同压力条件下的封孔器长度和直径，具体实验数据如表 5-1 所示。并以封孔器内膨胀液的压力为横坐标，以封孔器直径和封孔器长度为纵坐标绘制出它们之间的关系曲线，具体如图 5-18 所示。

表 5-1　封孔器打压检测实验数据

封孔器内膨胀液压力/MPa	封孔器直径/mm	封孔器长度/mm	备注
0	37.4	495	端头未完全膨胀长度：前端 6mm，后端 9mm
0.4	38.9	492	
0.8	43.6	478	
1.0	48.8	462	
1.2	51.8	450	
1.5	57.8	430	

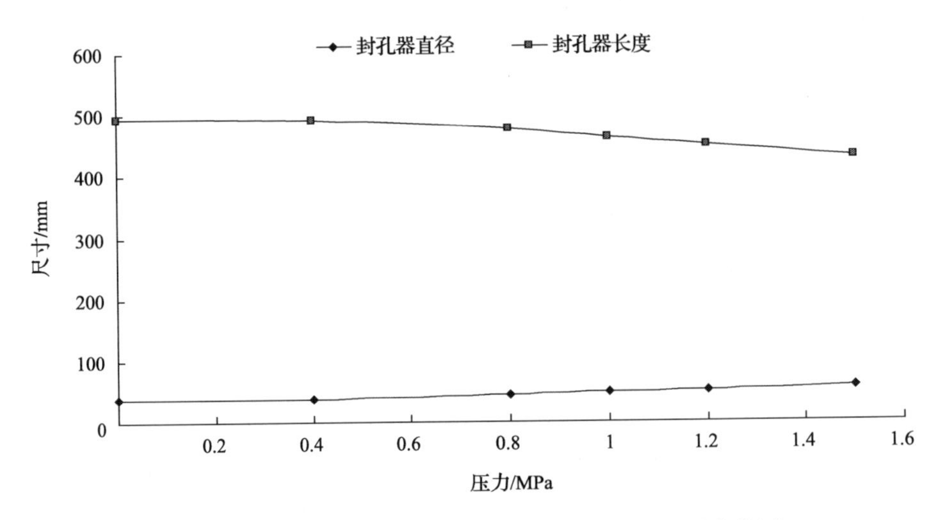

图 5-18　封孔器内膨胀液压力与其直径和长度的关系曲线图

根据表 5-1 和图 5-18 可知，随着封孔器内膨胀液压力的逐步增大，封孔器的长度逐步缩短，而直径则呈上升趋势；当膨胀液压力达到 1.5MPa 时(远高于煤炭行业标准要求的 0.2MPa)，封孔器直径为 57.8mm，远高于钻孔直径 42mm，封孔器长度为 430mm，扣除端头未完全膨胀的部分(15mm)，实际有效封孔长度为 415mm，也远高于国家标准要求的 150mm。

实验室检测实验结果表明，新型钻孔瓦斯涌出初速度测定装备完全满足煤炭行业标准《钻孔瓦斯涌出初速度的测定方法》(MT/T 639—1996)对密封液压力(最高可施加压力到6MPa,远高于0.2MPa)和封孔器长度(封孔长度为415mm,高于150mm)的要求。

5.3.2　封孔器的瓦斯流动阻力分析

煤炭行业标准《钻孔瓦斯涌出初速度的测定方法》(MT/T 639—1996)要求:当瓦斯流量为5L/min时,导气管的总阻力不大于300Pa[40]。

1. 按瓦斯抽放经验公式估算

对于新型钻孔瓦斯涌出初速度测定装备来说,导气管的阻力即为气流从煤层钻孔瓦斯室经该装备流向测定仪器的沿程摩擦阻力,可根据瓦斯抽放管路阻力计算经验公式进行计算,具体如式(5-1)所示[41]。

$$H = \sum_{i=1}^{n} 9.81 \times \frac{L_i \Delta Q^2}{K_i d_i^5} \tag{5-1}$$

式中,H为导气管总阻力,单位为Pa;Δ为混合瓦斯对空气的密度比,$\Delta = 1 - \frac{0.446C}{100}$;$C$为导气管内甲烷浓度,单位为%;$Q$为管路混合气体流量,单位为$m^3/h$;$L_i$为某段管路长度,单位为m;$K_i$为某段管路系数,与导气管直径有关;$d_i$为某段管路导气管内径,单位为cm;$n$为导气管数量。

对于新型钻孔瓦斯涌出初速度测定装备来说,其主要功能是煤与瓦斯突出预测,因此,甲烷浓度可取100%;判断导气管总阻力是否符合要求的流量为5L/min(即$0.3m^3/h$)。根据本装备的设计与加工制作,本装备导气管由四部分组成,这四部分的沿程阻力计算具体如表5-2所示。

表5-2　导气管沿程阻力计算数据表(经验公式)

序号	名称	长度/m	内径/cm	系数	流量/(m^3/h)	Δ	阻力/Pa
1	进气管	0.8	1.8	<0.47	0.3	0.554	<0.04
2	封孔内置流量管	1.04	0.8	<0.46			<3.38
3	流量管	15	1.8	<0.47			<0.83
4	接头	0.6	0.8	<0.46			<1.95
			总阻力				<6.20

注:接头共15处,每处长约为0.04m,共0.6m。

根据表5-2的计算结果可知,新型钻孔瓦斯涌出初速度测定装备导气管在流量为 5L/min 时的沿程总阻力小于 6.2Pa，也远低于煤炭行业标准规定的 300Pa。

2. 按摩擦阻力计算公式计算

根据流体力学的有关知识，当流体在圆形管道内做层流运动时，摩擦阻力计算公式如式(5-2)所示[42]。

$$h_f = \frac{32\mu L}{d^2} v \tag{5-2}$$

式中，h_f 为摩擦阻力，单位为 Pa；μ 为气体的运动黏度，单位为 Pa·s；L 为管道长度，单位为 m；d 为管道直径，单位为 m；v 为气体的运动速度，单位为 m/s。

对式(5-2)进行变换有

$$h_f = \frac{32\mu L}{d^2} \times \frac{Q}{\pi \times \frac{d^2}{4}} = \frac{128\mu L Q}{\pi d^4} \tag{5-3}$$

在钻孔瓦斯涌出初速度测定过程中，煤层钻孔内瓦斯室的气体沿着新型钻孔瓦斯涌出初速度测定装备内的管道流动，可简化为圆形管道内的层流运动，则有关气体流经管道的摩擦阻力可用式(5-4)来表示。

$$H = \sum_{i=1}^{n} \frac{128\mu L_i Q}{\pi d_i^4} \tag{5-4}$$

同样，导气管内的流量为 5L/min，不同的是，式(5-4)中的流量单位为 m^3/s，经单位换算后，实为$\frac{1}{12} \times 10^{-3} m^3/s$，该装备导气管三部分的沿程阻力计算具体如表 5-3 所示。

表 5-3　导气管沿程阻力计算数据表(层流计算公式)

序号	名称	长度/m	内径/m	流量/(m^3/s)	μ/(Pa·s)	阻力/Pa
1	进气管	0.8	0.018	$\frac{1}{12}\times 10^{-3}$	1.08×10^{-5}	0.28
2	封孔内置流量管	1.04	0.008			9.31
3	流量管	15	0.018			5.24
4	接头	0.6	0.008			5.37
			总阻力			20.2

注：接头共 15 处，每处长约 0.04m，共 0.6m。

根据表 5-3 的计算结果可知，采用层流摩擦阻力计算公式得出的新型钻孔瓦斯涌出初速度测定装备导气管在流量为 5L/min 时的沿程总阻力为 20.2Pa，也远低于煤炭行业标准规定的 300Pa。

由此可见，新型钻孔瓦斯涌出初速度测定装备在气体流动阻力方面完全满足煤炭行业标准的有关要求。

5.3.3　改进型封孔器的降阻效果实验研究

钻孔瓦斯涌出初速度测定工作要求快速将封孔器送入测定钻孔预定位置，这就要求尽可能节省时间；而该时间主要取决于钻孔深度以及钻孔对封孔器的阻碍作用，改进型封孔器的前端由原来的台阶式转变为锥面形状。从人体感观来看，可以降低封孔器与钻孔孔壁（或遗留煤渣）之间的阻力；但是，这只是定性分析，不够精确。为进一步定量分析改进型封孔器在降阻方面的效果，在实验室开展了封孔器送入煤层钻孔的模拟实验，并根据实验数据，对改进型封孔器的降阻效果进行分析与总结。

1. 实验装置

在实验室设计并制作一套模拟封孔器在煤层钻孔中推进的实验装置，通过实验，演示封孔装置在煤层钻孔内的推进过程，获取不同封孔器在推进过程中的阻力和前方煤渣堆积状况，并以此为基础，分析改进型封孔器的降阻效果，实验装置设计原理见图 5-19。

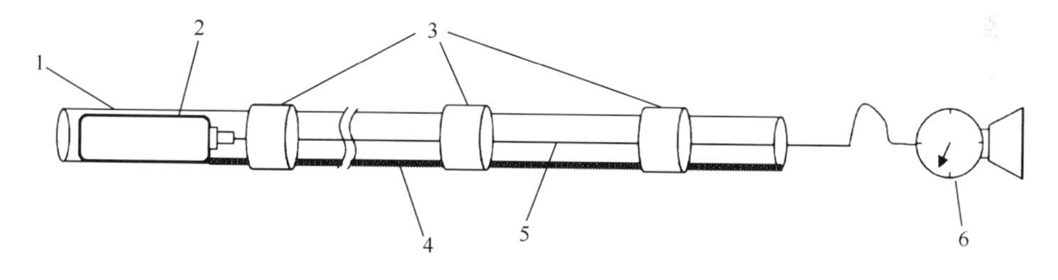

图 5-19　实验装置设计原理图

1. 有机玻璃管；2. 封孔器；3. PVC 接头；4. 煤渣；5. 细铁丝；6. 弹簧秤

根据图 5-19 可知，该实验装置主要由有机玻璃管、封孔器、PVC 接头、煤渣、细铁丝和弹簧秤等组成。根据实验需要，采用模拟钻孔的有机玻璃管内径为 42mm、外径为 50mm，每节有机玻璃管的长度为 1m。有机玻璃管内壁粘贴双面胶，双面胶在有机玻璃管内壁圆周方向 270°～320°粘贴，有机玻璃管沿轴向开有一矩形透明窗口。然后将筛选好的煤渣灌入有机玻璃管内，将有机玻璃管两端封闭，通过反复摇晃有机玻璃管，使煤渣均匀地粘在有机玻璃管内壁上。将粘有煤渣的每节有机玻璃管通过 PVC 接头相连接，PVC 接头与有机玻璃管连接好后，用胶水涂在接口处。待其结合牢固后，将有机玻璃管固定在水平支撑架上。

2. 实验方案

在实验过程中，先将细铁丝从有机玻璃管的前端穿向后端，并分别与弹簧秤和封孔器相连，再将封孔器送入有机玻璃管内。待到达实验起点位置，采用弹簧秤牵引封孔器，并实时观察封孔器前方煤渣的堆积状态和弹簧秤的读数。封孔器每推进 0.5～1m，测量一次封孔器前方煤渣的堆积长度，用相机拍照记录此时封孔器前方的煤渣堆积状态，记录弹簧秤所显示的阻力数值。随着封孔器在模拟钻孔中前进，封孔器前方所堆积煤渣会越来越多，封孔器所受阻力也会越来越大。当封孔器在模拟钻孔中无法前进时，本次实验结束。然后，将封孔器从模拟钻孔中取出，更换封孔器，重复上述步骤，记录实验结果。

3. 实验过程

根据上述实验方案，先将装有煤渣的模拟钻孔放到固定位置，实验前模拟钻孔中煤渣的状态如图 5-20 所示。

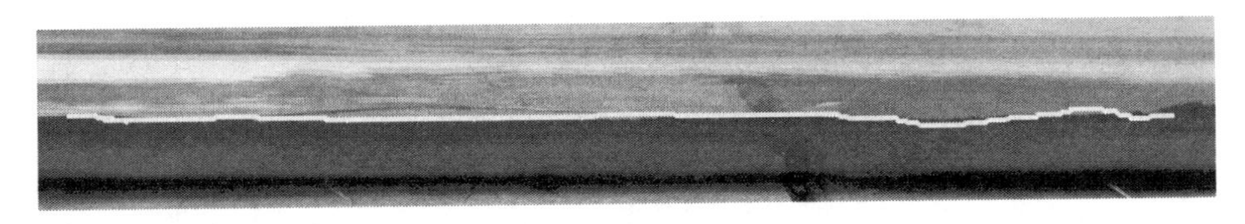

图 5-20 实验前煤渣状态

接着，分别将原封孔器和改进型封孔器送入模拟钻孔中，开展实验，两种封孔器在推进过程中的煤渣堆积状态如图 5-21～图 5-24 所示；封孔器的推进阻力(弹簧秤读数)和煤渣堆积长度分别如表 5-4 和表 5-5 所示。

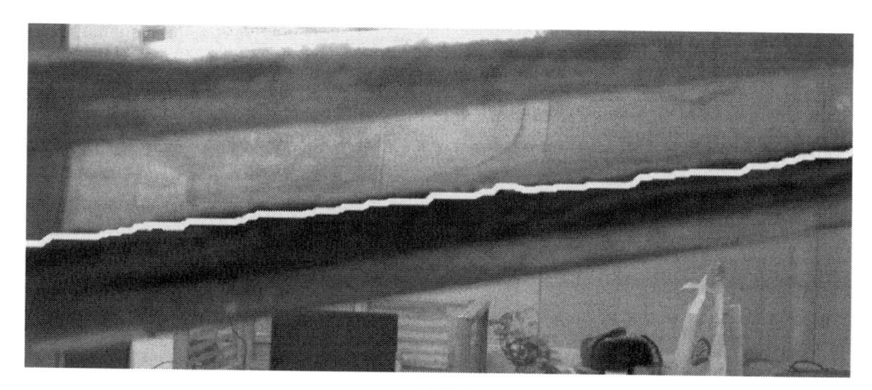

(a) 原封孔器

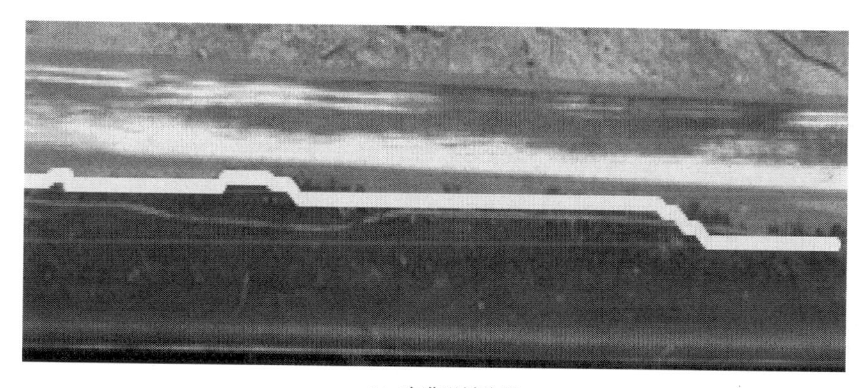

(b) 改进型封孔器

图 5-21　推进 2m 时的煤渣堆积状态

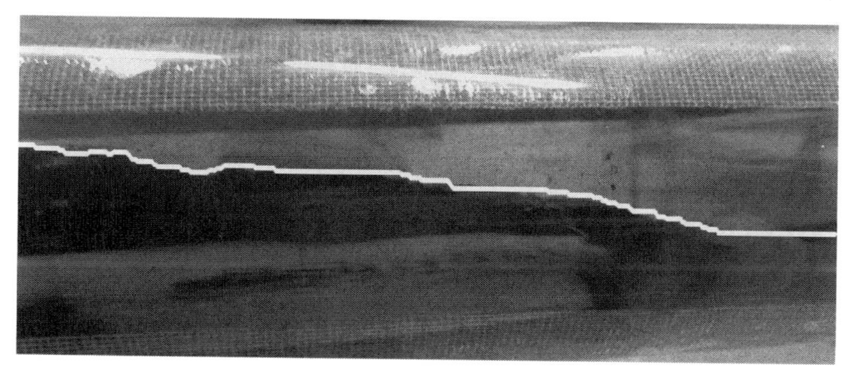

(a) 原封孔器

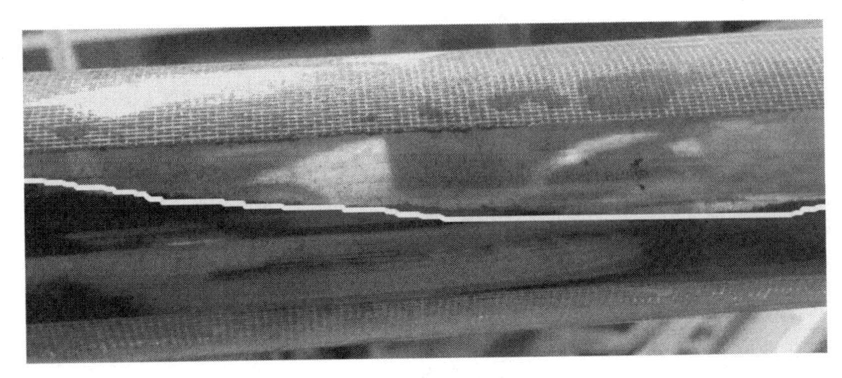

(b) 改进型封孔器

图 5-22　推进 5m 时的煤渣堆积状态

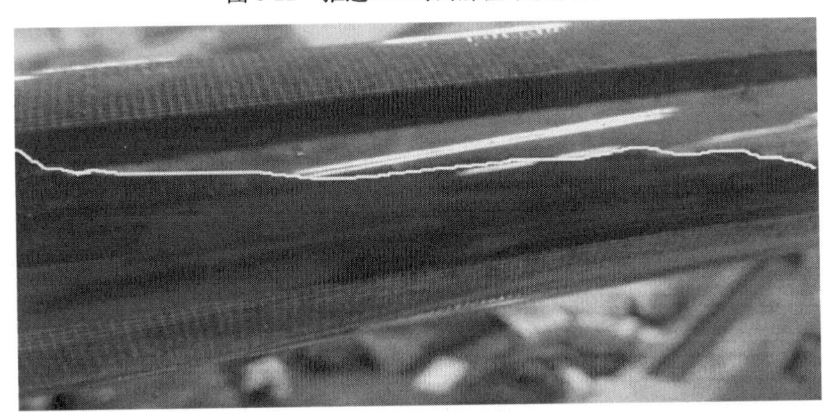

(a) 原封孔器

(b) 改进型封孔器

图 5-23　推进 9m 时的煤渣堆积状态

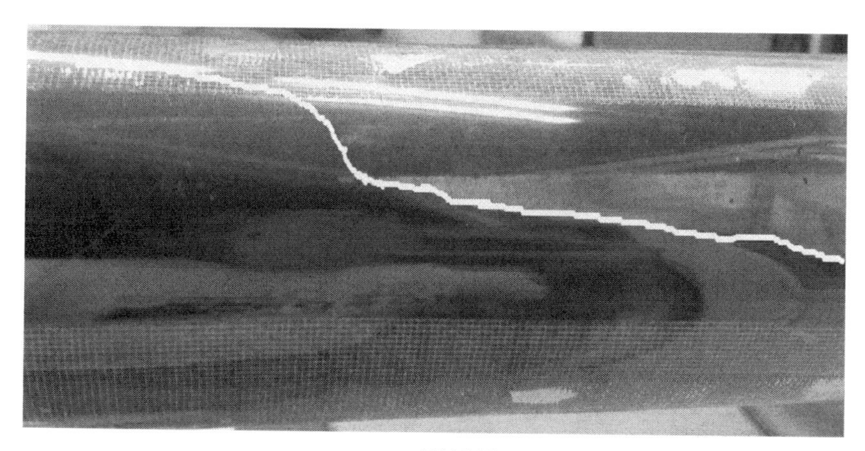

(a) 原封孔器

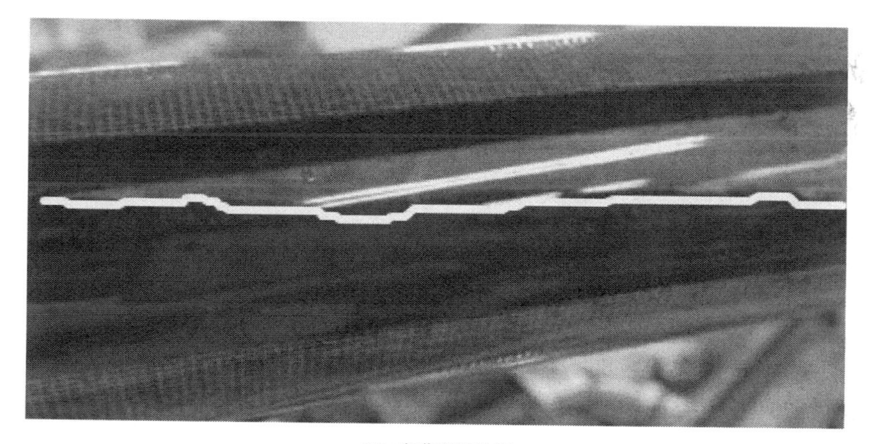

(b) 改进型封孔器

图 5-24　推进 13m 时的煤渣堆积状态

表 5-4　封孔器所受阻力

封孔器前进长度/m	改进型封孔器所受力/N	原封孔器所受力/N
1	31.4	32.4
2	32.3	33.2
3	32.5	34.4
4	33.3	35.6
5	34.1	37.6
6	34.3	39.8

续表

封孔器前进长度/m	改进型封孔器所受力/N	原封孔器所受力/N
7	35.1	42.8
8	34.3	46.6
9	35.6	51.6
10	37.1	59.8
11	39.0	69.1
12	40.9	80.1
13	43.0	90.2
14	45.6	0
15	49	0
16	53.4	0

表 5-5　封孔器前方煤渣堆积长度

封孔器前进长度/m	改进型封孔器前方堆积长度/mm	原封孔器前方堆积长度/mm
1	60	110
2	65	120
3	71	131
4	78	142
5	86	150
6	96	161
7	107	170
8	116	180
9	125	189
10	133	197
11	140	206
12	148	222
13	157	240
14	164	240
15	171	240
16	180	240

在图 5-21 中，白色线条为煤渣堆积的上部边界，由图可以看出，在封孔器前进 2m 时，改进型封孔器前方煤渣堆积的长度较短，坡度较小；而原封孔器前方煤渣堆积的比较长，且坡度较大。

从图 5-22 可以看出，两种形状的封孔器在模拟钻孔中随着前进距离的增加，其前方煤渣堆积的长度和高度都会增加，且原封孔器增加的较快。

从图 5-23 可以看出，随着封孔器前进距离的增加，原封孔器前方煤渣堆积的高度已经到了接近塞满管道的程度，并且长度在增加，改进型封孔器前方煤渣堆积的长度和高度也在增加。

在图 5-24 中，原封孔器前方堆积的煤渣已经塞满模拟钻孔(白线条拐角处左侧)，而改进型封孔器前方的煤渣呈一定坡度均匀堆积在模拟钻孔中，尚未充满。

当推进到 13m 时，由于煤渣的堵塞作用，原封孔器无法继续前进；改进型封孔器在前进到 16m 时还能继续前进；但是，由于相似模拟实验的尺寸有限，本实验到此结束。

在表 5-5 中，封孔器前方煤渣堆积长度指的是从封孔器前端堆积的煤渣开始算起到堆积煤渣高度与模拟钻孔固有煤渣高度一样时的长度。

4. 降阻效果分析

根据上述分析可知，随着封孔器在模拟钻孔中前进距离的增加，模拟钻孔中封孔器前方堆积的煤渣越来越多，封孔器所承受的阻力也越来越大；为更直观地展现推进距离与煤渣堆积长度和封孔器承受阻力之间的关系，分别绘制封孔器前方煤渣堆积长度变化趋势图和封孔器承受阻力变化趋势图，具体见图 5-25 和图 5-26。

在图 5-25 中，横坐标为封孔器的推进距离，纵坐标为封孔器在模拟钻孔中前进时其前方煤渣堆积的长度。从图 5-25 可以看出，在刚前进 1m 时，原封孔器前方煤渣堆积的长度要比改进型封孔器前方煤渣堆积长度大很多。随着封孔器在钻孔中前进距离的增加，两者都呈现逐渐增大的趋势，且原封孔器前方煤渣堆积长度曲线的斜率更大，即增速更快。原封孔器在模拟钻孔中只能推进 13m，因此 13m 以后的趋势图不变。

在图 5-26 中，横坐标为封孔器的推进距离，纵坐标为封孔器在模拟钻孔中前进时所承受的阻力。从图 5-26 可以看出，刚开始推动封孔器向模拟钻孔深处前进时，原封孔器和改进型封孔器所受阻力几乎是相等的，且都是随着推进深度的增加呈现逐渐增加的趋势；当推进深度增加到 4m 时两者所受阻力

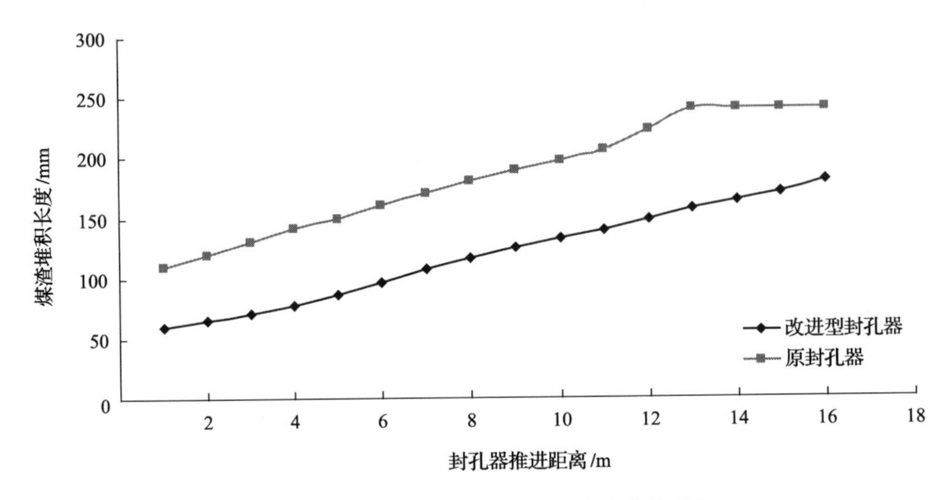

图 5-25　封孔器前方煤渣堆积长度变化趋势图

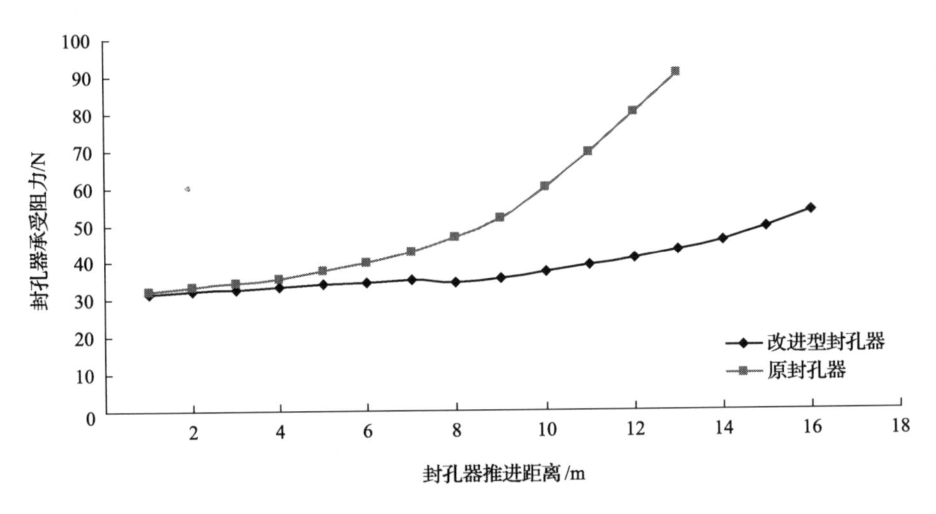

图 5-26　封孔器承受阻力变化趋势图

之间的差异开始变大。改进型封孔器在 4m 以后还是沿着原来的曲线斜率在缓慢增加，随着深度的增加曲线的斜率虽有增加，但增加很小。在 8m 处，所受阻力出现了比前段减小的情况，可能是实验误差所致；原封孔器在 4m 以后所受阻力曲线斜率开始出现较快增长的情况，到 9m 时其斜率出现了一次大的增长，说明原封孔器在 9m 以后所受的阻力会变得很大。由于原封孔器只推进了 13m，因此，图中没有 13m 以后的数据。

根据本实验可知，改进型封孔器无论是所承受的阻力，还是前方堆积的煤渣长度都要比原封孔器小很多，说明改进型封孔器更有利节省钻孔瓦斯涌出初速度的测定时间，对确保准确捕捉到钻孔瓦斯流量峰值和提高测定钻孔深度，能够起到关键性作用。

5.3.4　煤层钻孔气体参数测定装置实验室实验

对于新研发的煤层钻孔气体参数测定装置，在进入井下试验之前，需要在地面开展对比实验，以判断测定结果的可靠性。本实验所采取的实验方案如下：在装置的进气口，通过胶管与高压气罐相连，并通过高压气罐的减压阀控制气体流量与压力；在装置的出气口通过胶管连接标准压力表或流量计，同时测定读数，并对数据进行整理分析。

因本装置研发的时间和经费有限，并结合博士后课题的研究内容，选定流量和压力作为研究的关键问题，对比实验也以这两个参数为主要研究对象；具体实验系统及结果分别如图 5-27 和 5-28 所示。

在图 5-27 中，机械压力表显示的读数为 0.5MPa，新研发的煤层钻孔气体参数测定装置显示的读数为 512kPa；在图 5-28 中，浮子流量计显示的读数为 210mL/min，新研发的煤层钻孔气体参数测定装置显示的读数为 0.2L/min；

(a) 实验系统及机械压力表的测定结果

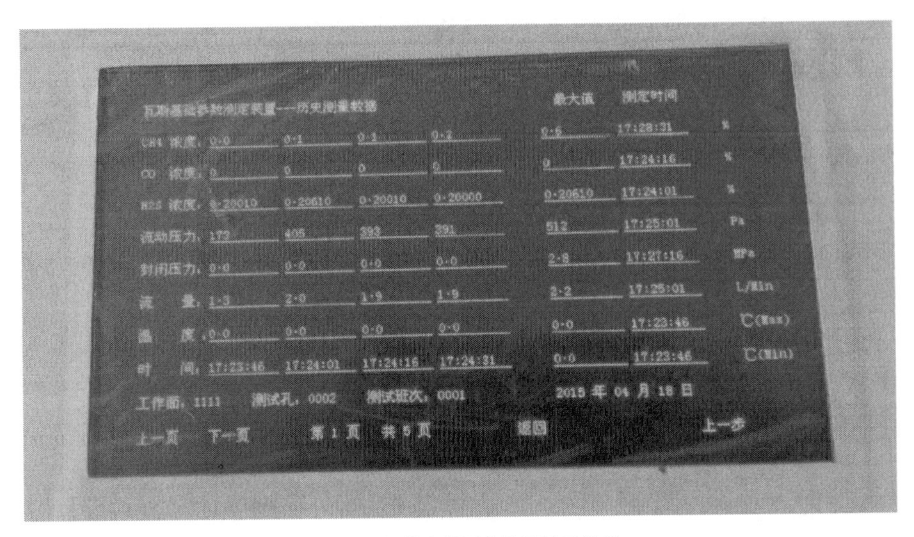

(b) 煤层钻孔气体参数测定装置显示结果

图 5-27　压力对比实验图

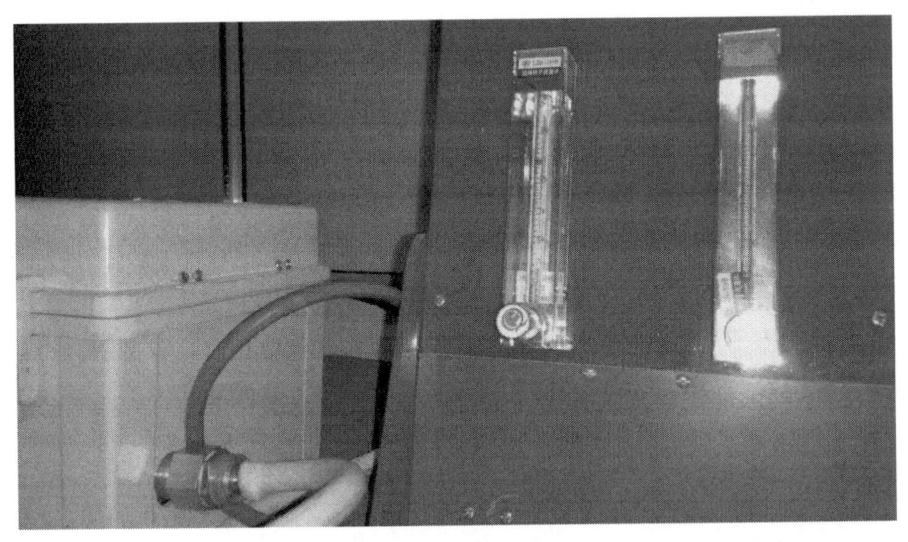

(a) 实验系统及浮子流量计测定结果

(b) 煤层钻孔气体参数测定装置显示结果

图 5-28　流量对比实验图

由此可见新研发的煤层钻孔气体参数测定装置所测气体流量和压力与国家标准的机械压力表和浮子流量计基本一致。

通过多次实验，可得到多组实验数据，并计算出实验结果误差，具体如表 5-6 和表 5-7 所示。

表 5-6　压力对比实验结果统计表

序号	机械压力表读数/MPa	新装置读数/kPa	误差/%
1	0.02	16	−20.0
2	0.06	59	−1.7
3	0.10	100	0.0
4	0.20	205	2.5
5	0.30	309	3.0
6	0.40	428	7.0
7	0.50	512	2.4
8	0.60	632	5.3

表 5-7 流量对比实验结果统计表

序号	浮子流量计读数/(mL/min)	新装置读数/(L/min)	误差/%
1	160	0.14	−12.5
2	210	0.20	−4.8
3	680	0.67	−1.5
4	1100	1.15	4.5
5	2300	2.32	0.9
6	3500	3.54	1.1
7	4500	4.58	1.8
8	5000	5.12	2.4

根据表 5-6 和表 5-7 可知，当气体流量或压力很低时，煤层钻孔气体参数测定装置所显示的读数与传统的浮子流量计和机械压力读数之间的误差相对较大，随着气体流量或压力的上升，该误差基本能控制在 7%以内。

由此可见，新研发的煤层钻孔气体参数测定仪在进行钻孔气体流量与压力测定时，其可靠性基本满足要求。

5.4 新型钻孔瓦斯涌出初速度测定装备操作规程

为了保证新型钻孔瓦斯涌出初速度测定装备的正确和安全使用，特编制如下操作规程。

(1) 在使用本装备前，需熟悉装备各部分功能和整个测试系统。

(2) 在井下正式测试之前，需在地面做耐压试验，试验压力为 1.5～3.0MPa。在地面试验中应认真观察整个系统是否可靠，发现情况异常或泄漏应及时查明原因，并进行排除，以确保整个测试系统在井下安全可靠；将煤层钻孔瓦斯参数测定装置充满电。

(3) 将该装备各部件按以下顺序放入盛装箱：首先，将进气管、封孔器和流量管直接放置于盛装箱的底部；其次，将手动试压泵放在上述三者之上，并靠盛装箱的左侧放置；然后，分别将膨胀液管放置于手动试压泵和工具盒之间的空间，将煤层钻孔瓦斯参数测定装置及有关工具放置于工具盒上；最后，盖上盛装箱的盖子并锁扣好，即可搬运或存储。

(4) 将该装备搬运至井下预先选定的测定地点，然后按顺序依次取出膨胀液管、手动试压泵、进气管、封孔器、流量管和煤层钻孔瓦斯参数测定装置与有关工具；连接顺序依次为进气管、封孔器、膨胀液管、流量管、手动试压泵和煤层钻孔瓦斯参数测定装置。

(5) 将流量管与煤层钻孔瓦斯参数测定装置的接头进行衔接、拧紧，保证不漏气；打开电磁阀处的保护堵头，保证气体能通过电磁阀排放出去；打开蓄电池开关，拨至开状态，然后打开设备的电源，拨至开状态；并根据显示屏显示的步骤进行操作，让仪器处于待机状态。

(6) 采用常规方法向煤层打一定深度(根据实际测定需要确定)的钻孔，当深度达到要求后，拉出钻杆。

(7) 快速将该装备送入钻孔预定位置(留 1m 长的瓦斯室)，利用手动试压泵加压使胶囊膨胀，同时，连接煤层钻孔瓦斯参数测定装置；当到达预定压力(一般为 2～3MPa)后，操作煤层钻孔瓦斯参数测定装置上的按钮，自动测量、记录、储存数据。

(8) 松开手动试压泵卸压，然后拔出仪器，等待进一步测量，或清理仪器，并擦干各部件，以防生锈。如果测试完毕，需打开煤层钻孔瓦斯参数测定装置的电磁阀，将气室中的气体排放出去；并关掉设备和电池的供电，开关拨至关状态。

(9) 测定完备，按各部件的装箱过程重新放入盛装箱内。

执行上述操作规程，可实现钻孔瓦斯涌出初速度测定装备的煤矿井下便携式搬运、参数测定及安全存放与保管。

第6章　钻孔瓦斯涌出初速度测定新技术的应用

研发新技术的目的在于为企业解决问题，同时，新技术的先进性与适应性也需要通过现场试验来检验。本章主要介绍钻孔瓦斯涌出初速度测定新技术在开滦矿区、两淮矿区、郑州矿区和平顶山矿区的现场应用性试验情况。

6.1　开滦矿区钻孔瓦斯涌出初速度测定

开滦矿区现有三对突出矿井（马家沟矿、赵各庄矿和钱家营矿）。马家沟矿和赵各庄矿分布在开平向斜北翼，钱家营矿位于开平向斜南翼。马家沟矿和赵各庄矿历史上曾多次发生突出事故，特别是马家沟矿；而钱家营矿仅发生过一次瓦斯动力现象。因此，选择在开平向斜北翼的马家沟矿和赵各庄矿进行钻孔瓦斯涌出初速度测定。

6.1.1　开滦矿区测定矿井的突出危险性分析

1. 马家沟矿的突出危险性分析

马家沟矿位于河北省唐山市东偏北约9.5km，井田位于开平主含煤向斜西北翼中部。马家沟矿的动力现象主要是煤与瓦斯动力现象，多数为突出（包括煤与瓦斯突出、煤的突然压出和煤的突然倾出）。

(1) 马家沟矿动力现象以倾出、钻孔突出和压出为主，动力现象类型分布如表6-1所示，从表6-1可明显看出：该矿动力现象以煤的突然倾出为主，占总数的53%；然后为钻孔突出，占总数的22.5%；煤与瓦斯突出很少，只占4%。

(2) 马家沟矿动力现象主要发生在上山、钻孔、石门和平巷。其分布情况如表6-2所示。从巷道类型上看，上山最多，占到34.7%。

(3) 动力现象主要发生在八水平的9-2煤层和9-1煤层，具体见表6-3。通过统计分析：九水平动力现象次数少于八水平，原因在于九水平的防突技术措施相对比较完善。

表 6-1　马家沟矿动力现象类型分布表

类型	出现次数	占总数百分比/%
煤与瓦斯突出	2	4.1
煤的突然压出	6	12.2
煤的突然倾出	26	53
巷道内瓦斯喷出	2	4.1
钻孔内瓦斯喷出	2	4.1
钻孔突出	11	22.5
合计	49	100

表 6-2　马家沟矿动力现象发生地点分布表

动力现象类型	巷道类型			
	上山	钻孔	石门	平巷
煤和瓦斯突出		11	2	
煤的突然压出	2			4
煤的突然倾出	14		7	5
瓦斯喷出	1	2	1	
突出总次数	17	13	10	9
占总数的百分率%	34.7	26.5	20.4	18.4

表 6-3　各煤层及水平动力现象分布表

煤层	次数	水平		
		七	八	九
8	2		1	1
9-1	20		20	
9-2	28	2	25	1
12	4		3	1
合计	54		49	3

(4) 该矿的动力现象强度一般较小，其中抛出煤量小于 20t 的是 36 次，占 66.7%。超过 100t 的大型动力现象仅有 2 次，均是在石门揭开 12 煤层时发生的煤与瓦斯突出。从此看出，石门揭煤时动力现象强度最大。动力现象强度分布如表 6-4 所示。

表 6-4　动力现象强度分布表

煤层	动力现象强度/t			最大强度/t
	＜20	20～100	＞100	
8		2		50
9-1	15	5		54.75
9-2	20	8		72
12	1	1	2	255
合计	36	16	2	

(5) 该矿的动力现象集中发生在地质构造带。例如,断层、褶曲、煤层由薄变厚,倾角变陡或变缓、两层煤重叠处均发生过动力现象。其中,断层处次数最多,约 25 次,占 46.3%。动力现象与地质构造变化关系详见表 6-5。

表 6-5　动力现象与地质构造关系表

煤层	断层	褶曲	厚度变化	倾角变化	煤层重迭	底鼓	备注
8	1			1	1		
9-1	10	1	7	2	2	1	动力现象地点附近有两种构造的为 8 个地点,分别计入各种类别
9-2	10	5	5	3	2		
12	4	1			1		
合计	25	7	12	6	6	1	

(6) 马家沟矿动力现象皆是在外力扰动作用下产生的。其中,由爆破引起的动力现象次数为 28 次,占 51.9%。这是由于爆破突然改变了工作面附近的应力和瓦斯压力状态,以及爆破震动波促使煤体破坏所造成的。每次动力现象前作业方式如表 6-6 所示。

表 6-6　动力现象与作业方式关系表

煤层	放炮	手镐掘进	打钻孔	砌砼	出矸支护	取套管	风动工具落煤
8	2						
9-1	11	5	4				
9-2	12	1	12		1	1	1
12	3			1			
合计	28	6	16	1	1	1	1

(7) 该矿在发生动力现象前一般都出现过预兆。根据动力现象预兆统计表明,动力现象前有预兆的约为 48 次,占 88.9%;其余几次动力现象有的是没有记录预兆,仅个别动力现象无预兆。最常见的预兆为工作面前方响煤炮或打卸压排放瓦斯钻孔时夹钻、由孔内往外喷煤粉和瓦斯;有时煤质突然变软,煤的破坏类型由 2 类变成 3 类或 4 类;煤层中常夹有厚薄不一的软分层;还有几次动力现象前出现两层煤重叠现象。动力现象前有时只有一种预兆,有时同时出现几种预兆现象(表 6-7)。

表 6-7　动力现象预兆统计表

煤层预兆类型		8	9-1	9-2	12	累计	备注
有声预兆	煤炮	1	4	10	1	16	动力现象发生前同时出现两种以上的预兆现象为 23 次,分别记入各种预兆现象内
	顶板来压		3	1	1	5	
	掉渣及冒落	1	8	4	2	15	
无声预兆	夹钻或喷孔		6	19		25	
	煤结构紊乱、重迭、松软		6	3		10	
	瓦斯变化		7	1	1	8	
合计		2	34	38	5	79	
无预兆记录		1	0	4	1	6	
有预兆记录		1	20	24	3	48	

(8) 马家沟矿动力现象主要发生在中区。通过对过去有记录的动力现象进行统计,发现马家沟矿的动力现象具有明显的分区性。在垂直方向上,与其他矿一样,动力现象次数随采深增加而增大;在水平方向上,该矿的动力现象主要集中在中区,具体分布见图 6-1(图中两条虚线之间地区为动力现象集中区)。

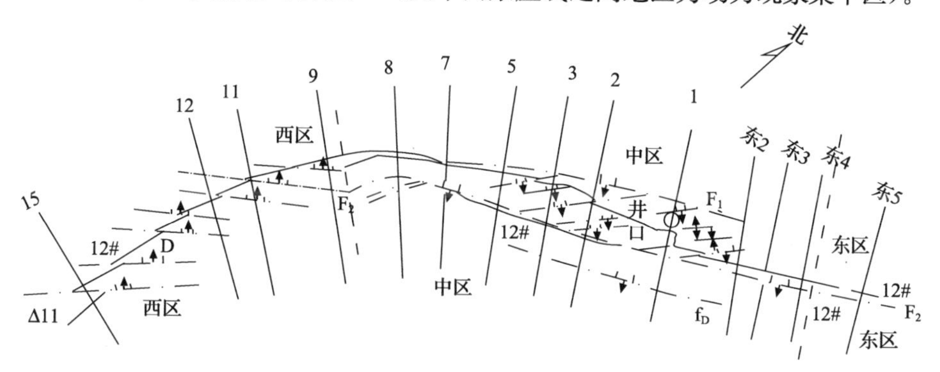

图 6-1　马家沟矿动力现象分区示意图

综上所述，马家沟矿煤与瓦斯动力现象以倾出为主，多数发生在上山掘进，9-2 和 9-1 煤层发生的次数最多。但是，两次大型煤与瓦斯动力现象均发生在 12 煤层，绝大多数煤与瓦斯动力现象发生前都有预兆，并且煤与瓦斯动力现象发生的区域具有明显的分区性，生产作业扰动是发生煤与瓦斯动力现象的一个重要原因。

由此可见，马家沟矿突出发生较为频繁，严重威胁着该矿的生产安全，但是预兆比较明显，这有利于突出工作的防治；突出强度不是很高，以中、小型突出为主。

2. 赵各庄矿的突出危险性分析

赵各庄矿位于开滦矿区东北部，西南距唐山市约 30km，井田位于开平向斜的东北边缘。赵各庄矿为煤与瓦斯突出矿井，井下曾发生过多次动力现象，包括煤与瓦斯突出、瓦斯喷出、冲击地压、井下透水等多种形式，其中以 1973 年 9 月 15 日发生在 10 水平 7 中石门 9 煤层的煤与瓦斯突出强度最大，突出煤量 100t，喷出瓦斯 3000m^3。

赵各庄矿历史上所发生的动力现象（有记录的）见表 6-8。

表 6-8　赵各庄矿煤与瓦斯动力现象情况表

序号	年份	地点	标高	地质构造	备注
1	1955	7191 中巷切眼	−502.5	井口褶曲	
2	1956	7931 开边眼	−490.5	井口褶曲	
3	1970	0199 掘上山	−778.2	井口褶曲	
4	1971	9699 中西掘立眼	−679.6	倾角变陡区	
5	1973	011 中石门	−821.7	东Ⅲ断层带	突出煤量 100t；瓦斯量 3000m^3
6	1973	9296 中巷掘进	−656.4	东Ⅶ断层带	此类现象 4 次
7	1973	0499 掘上山	−735.8	井口褶曲	
8	1973	9999 掘伪斜眼	−662.5	倾角变陡区	
9	1975	0599 半道煤门	−736.0	井口褶曲	
10	1975	0699 上山掘进	−757.0	倾角变陡区	出现 3 次
11	1978	107 上山打钻	−915.0	次Ⅶ断层带	出现多次
12	1978	0799 上山	−758.9	倾角变陡区	出现 3 次，停掘封闭
13	1982	0799 边眼	−734.4	倾角变陡区	打钻注水

续表

序号	年份	地点	标高	地质构造	备注
14	1983	0999 伪斜上山	−711.3	倾角变陡区	冒高涌出，停掘封闭
15	1984	9 道巷 911 东洞	−733.0	东Ⅲ断层带	炮后冒高涌出煤量 40t；瓦斯量 2500m³
16	1985	1203 石门打钻	−905.0	井口褶曲轴	喷孔
17	1985	12 西 1 石门处理 9S	−998.3	井口褶曲轴	
18	1986	1203 石门	−905.4	井口褶曲轴	
19	1987	1199 东二中压眼	−865.0	井口褶曲轴	煤量 10t

根据现场资料和初步分析表明，该矿煤与瓦斯动力现象具有以下几点特征。

(1) 全部发生在掘进工作面，在石门揭煤、平巷和上山掘进或者打钻孔时，都发生过煤与瓦斯动力现象。

(2) 该矿属煤与瓦斯突出类型的动力现象至今仅发生过一次，而且突出强度也不大(突出煤量 100t，瓦斯量 3000m³)；其他有记录的煤与瓦斯动力现象的抛出煤量都在 40 t 以下，涌出瓦斯量均不超过 2500m³，有的只有冒高和喷孔的记录，并无煤量和瓦斯量的记载。

(3) 主要发生在地质构造地带，如断层、褶曲及煤层倾角变陡等处，属于煤与瓦斯突出的那次动力现象就发生在东Ⅲ断层。

据现场动力现象的统计资料，发生煤与瓦斯动力现象的地点，煤层埋藏深度一般较深、地应力大；同时，这些地方均为构造应力集中带，如断层带、褶曲及煤层倾角变陡处，煤层受到的应力作用远远大于其他位置，在应力作用下，原生沉积的煤层发生位移、破碎和重新组合而形成构造煤，为动力现象的发生创造条件。

(4) 通过对已经发生的煤与瓦斯动力现象记录分析发现，这些动力现象绝大部分都是在外力作用下产生的。其中，由爆破引起的动力现象为 15 次，占 65.2%；这是由爆破作业突然改变了工作面附近的应力和瓦斯压力状态，以及爆破产生的震动波破坏了附近的煤体造成的。

(5) 煤层在发生煤与瓦斯动力现象前，一般都出现过预兆。最常见的是工作面前方响煤炮或瓦斯忽大忽小，另外，打钻过程中有时出现夹钻、钻孔内喷瓦斯和煤粉的现象，以及工作面前方煤质突然变软、煤层中夹有厚薄不一的软分层等预兆，这些预兆有时只出现一种，有时几种同时出现。

由此可见，赵各庄矿和马家沟矿同属开滦矿区开平向斜的北翼井田，在煤与瓦斯突出方面，有着很多共性，这主要表现在突出类型、突出强度、突出预兆、突出诱导因素及突出区域分布都有很大的相似性；但与马家沟矿相比，赵各庄矿突出次数相对较少，突出强度相对较小。因此，赵各庄矿矿井发生煤与瓦斯突出的风险不及马家沟矿。

6.1.2　开滦矿区钻孔瓦斯涌出初速度测定

1. 马家沟矿钻孔瓦斯涌出初速度测定

马家沟矿的测定地点为 0523 北翼溜子道掘进工作面，具体位置如图 6-2 所示。

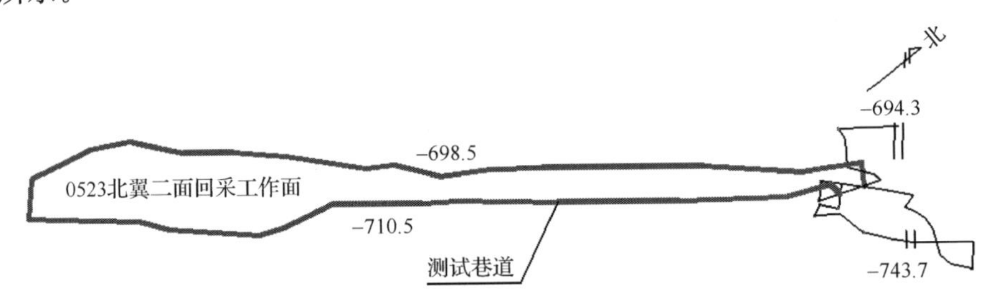

图 6-2　马家沟矿现场测定地点位置图

在测定过程中，所采用的封孔器为第一代，封孔器送入钻孔时，遇到阻力较大，当孔比较深时，需 2 名工人用力往里送，但也基本能保证 2min 完成封孔工艺(最高预测钻孔深度为 12m)。既测定了钻孔瓦斯涌出初速度(q_{max})，又测定了钻孔瓦斯涌出初速度出现 5 分钟后的钻孔瓦斯流量(q_{5min})，并计算出这两个指标的比值，即为钻孔瓦斯流量衰减系数；另外，同时测定该矿的日常突出预测瓦斯解吸指标 Δh_2，试验结果如表 6-9 所示。

为便于对比分析，现以马家沟矿每个测定地点的钻孔深度为横坐标，测定指标(钻孔瓦斯涌出初速度、钻孔瓦斯流量衰减系数和突出预测解吸指标 Δh_2)数值为纵坐标，绘出四个测定地点的测定指标随钻孔深度的变化曲线如图 6-3～图 6-6 所示。

根据图 6-3～图 6-6 可知，在煤壁前方 8～12m 深处，钻孔瓦斯涌出初速度和突出预测解吸指标 Δh_2 的变化趋势基本相同，钻孔瓦斯流量衰减系数与他们的变化趋势刚好相反；因此，这三个指标所描述的煤壁前方 8～12m 深处的突出危险性变化规律是一致的。

表 6-9 现场测定数据(马家沟矿)

测定地点	孔深/m	q_{max}/(L/min)	q_{5min}/(L/min)	q_{5min}/q_{max}	Δh_2/Pa
265m 处	8	0.94	0.88	0.94	30
	10	1.25	1.12	0.89	40
	12	0.87	0.82	0.94	28
270m 处	8	0.68	0.65	0.96	20
	10	1.30	1.20	0.92	40
	12	0.92	0.86	0.93	30
273m 处	8	2.62	2.10	0.80	80
	10	1.12	1.06	0.95	40
	12	0.97	0.94	0.97	30
280m 处	8	1.65	1.30	0.78	50
	10	5.23	3.08	0.59	180
	12	3.70	2.86	0.77	120

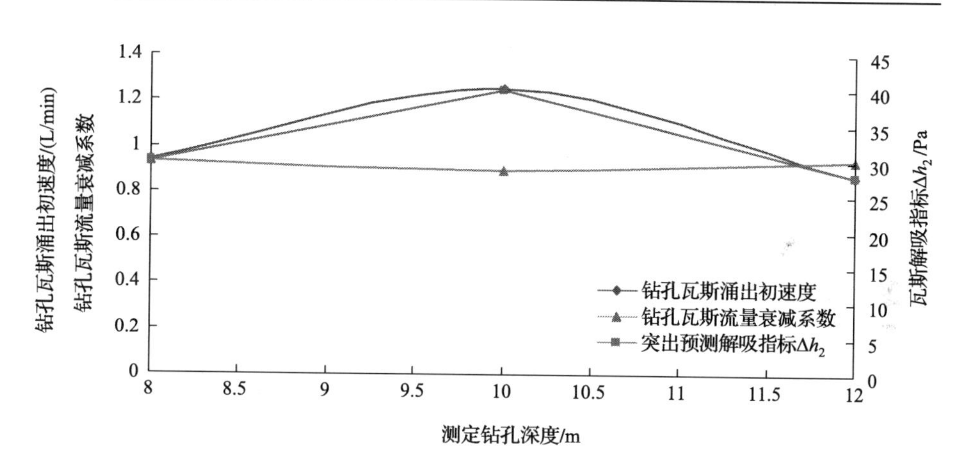

图 6-3 马家沟矿现场测定指标随钻孔深度的变化曲线(265m 处)

2. 赵各庄矿钻孔瓦斯涌出初速度测定

赵各庄矿的测定地点为 3399 运输道和 3137 东二采面等采掘工作面,具体位置如图 6-7 和图 6-8 所示。

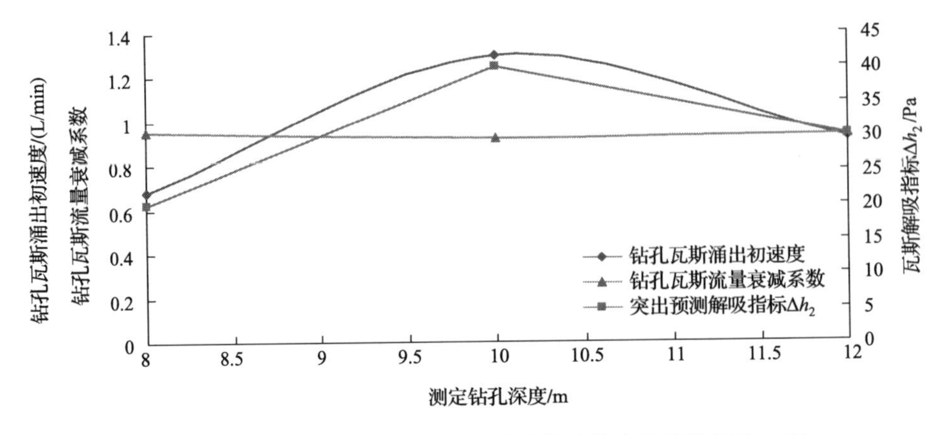

图 6-4　马家沟矿现场测定指标随钻孔深度的变化曲线(270m 处)

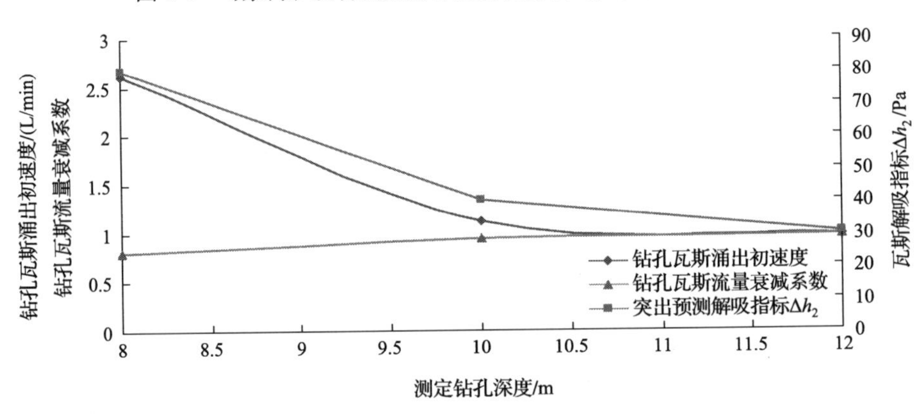

图 6-5　马家沟矿现场测定指标随钻孔深度的变化曲线(273m 处)

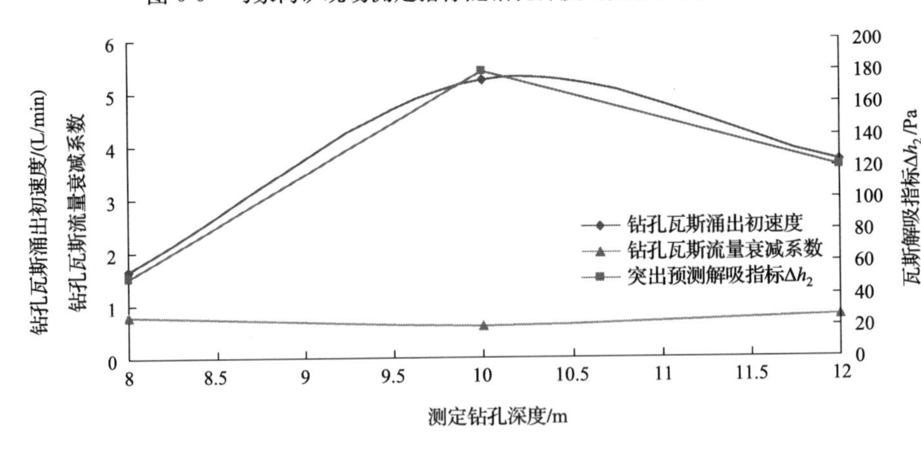

图 6-6　马家沟矿现场测定指标随钻孔深度的变化曲线(280m 处)

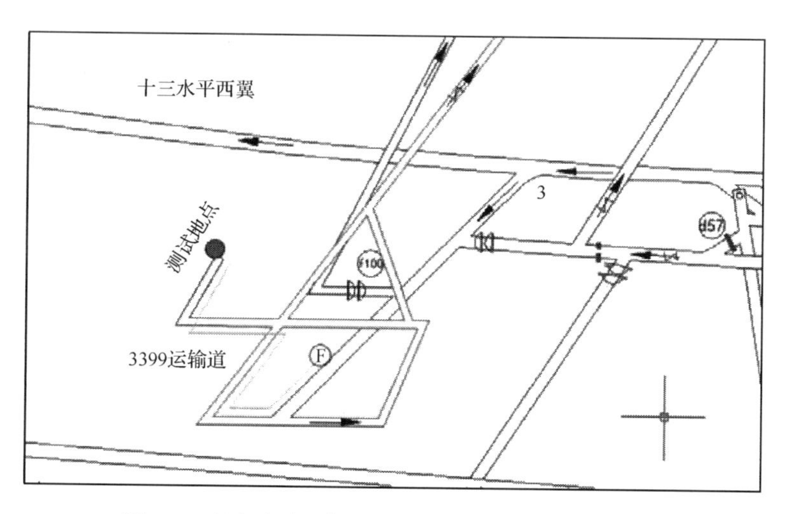

图 6-7　赵各庄矿现场测定地点位置图(3399 运输道)

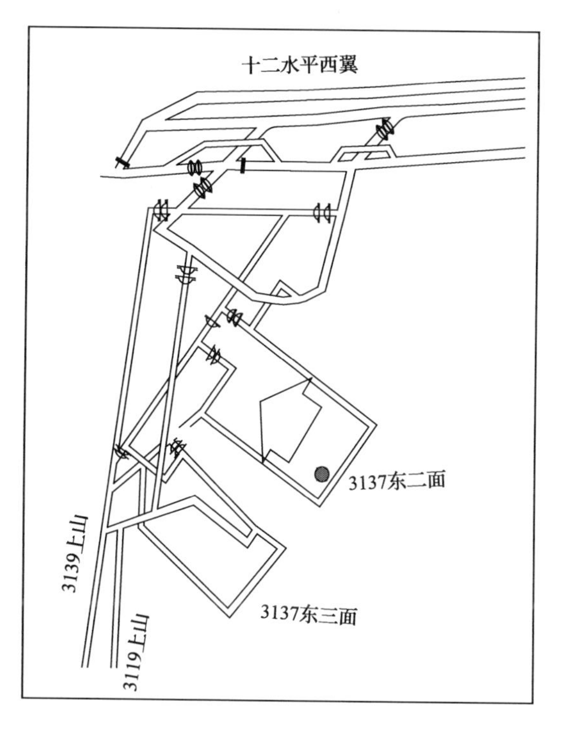

图 6-8　赵各庄矿现场测定地点位置图(3137 东二采面)

在赵各庄矿现场测定所使用的封孔器为改进型。试验过程中，封孔器只需要 1 名工人即可很轻松地送入钻孔深处，改进所取得的降阻效果十分明显(最高预测钻孔深度为 16m)。

在赵各庄矿的试验过程中，同样既测定了钻孔瓦斯涌出初速度(q_{max})，又测定了钻孔瓦斯涌出初速度出现 5 分钟后的钻孔瓦斯流量(q_{5min})，并计算出钻孔瓦斯流量衰减系数；另外，同时测定该矿的日常突出预测指标 Δh_2，试验结果如表 6-10 所示。

表 6-10　现场测定数据(赵各庄矿)

测定地点	孔深/m	q_{max}/(L/min)	q_{5min}/(L/min)	q_{5min}/q_{max}	Δh_2/Pa
3399 掘进面	8	0.60	0.56	0.93	20
	10	2.03	1.76	0.87	60
	12	1.68	1.58	0.94	40
	14	1.40	1.32	0.94	30
	16	1.38	1.30	0.94	30
3137 东二采面距下巷 30m	8	11.10	9.79	0.88	
	10	13.80	11.70	0.85	
	12	12.60	10.90	0.87	
	14	11.80	11.20	0.95	
	16	11.60	11.10	0.96	
3137 东二采面距下巷 40m	8	7.85	7.41	0.94	
	10	11.10	9.79	0.88	
	12	9.45	8.76	0.93	非突出煤层，未测定该指标
	14	9.10	8.86	0.97	
	16	9.08	8.84	0.97	
3137 东二采面距下巷 50m	8	11.70	10.13	0.87	
	10	17.98	13.73	0.76	
	12	11.60	7.34	0.63	
	14	11.14	10.96	0.98	
	16	11.14	10.94	0.98	

赵各庄矿 3137 东二采面为非突出煤层，因此未测定瓦斯解吸指标 Δh_2；同样，根据表 6-10 绘制出赵各庄矿四个测定地点的测定指标随钻孔深度的变化曲线如图 6-9～图 6-12 所示。

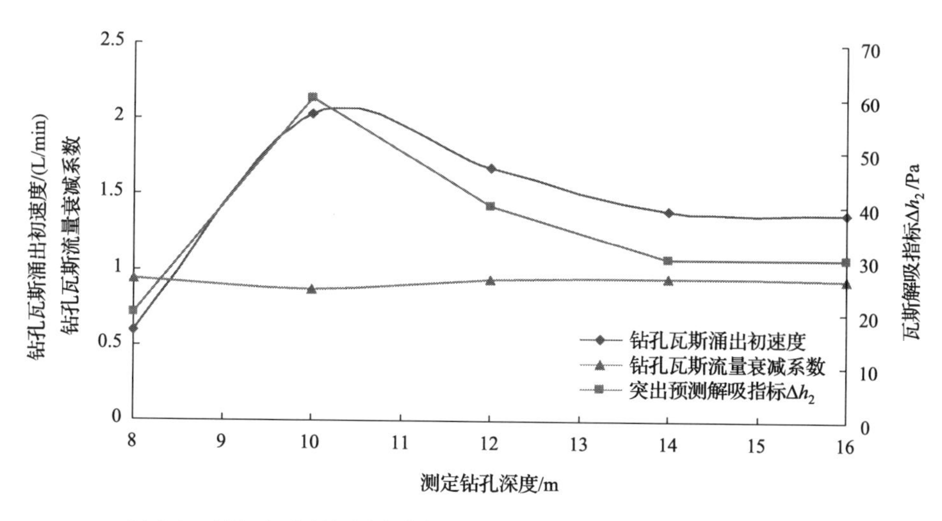

图 6-9　赵各庄矿现场测定指标随钻孔深度的变化曲线(3399 掘进面)

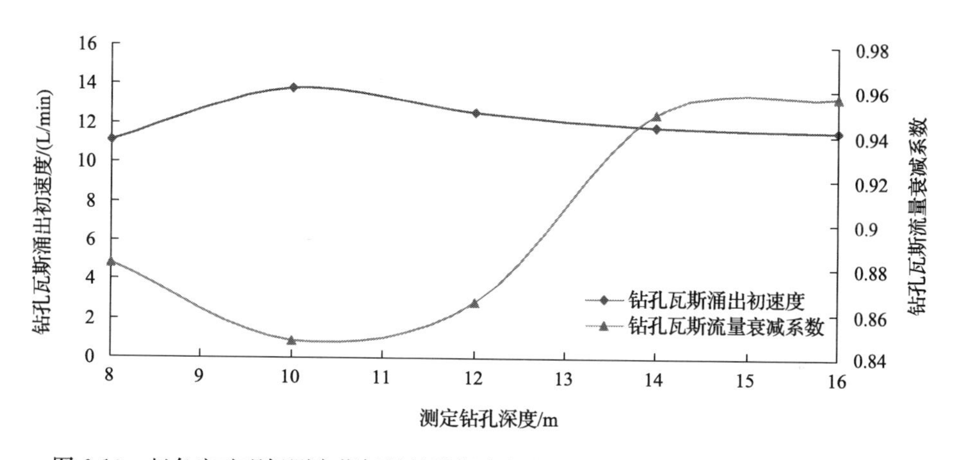

图 6-10　赵各庄矿现场测定指标随钻孔深度的变化曲线(3137 东二采面距下巷 30m)

根据图 6-9 可知,3399 掘进面三个指标所反应的煤壁前方 8～16m 深处的突出危险性变化规律是一致的。

由于 3137 东二采面未测定瓦斯解吸指标 Δh_2,因此,在图 6-10～图 6-12 中只有两条曲线。同样,根据这三幅图可知,在煤壁前方 8～16m 深处,钻孔瓦斯涌出初速度和钻孔瓦斯流量衰减系数所反应的突出危险性变化规律也大致相同;但是,在 3137 东二采面距下巷 50m 的 12m 钻孔深处出现一个异常,即钻孔瓦斯流量衰减系数与临界值 0.65(有关科学研究参考值)比较接近。

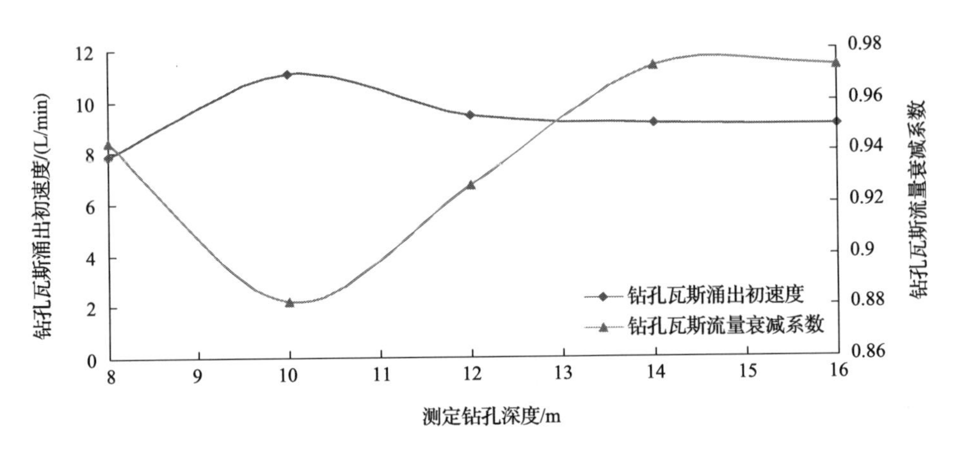

图 6-11 赵各庄矿现场测定指标随钻孔深度的变化曲线(3137 东二采面距下巷 40m)

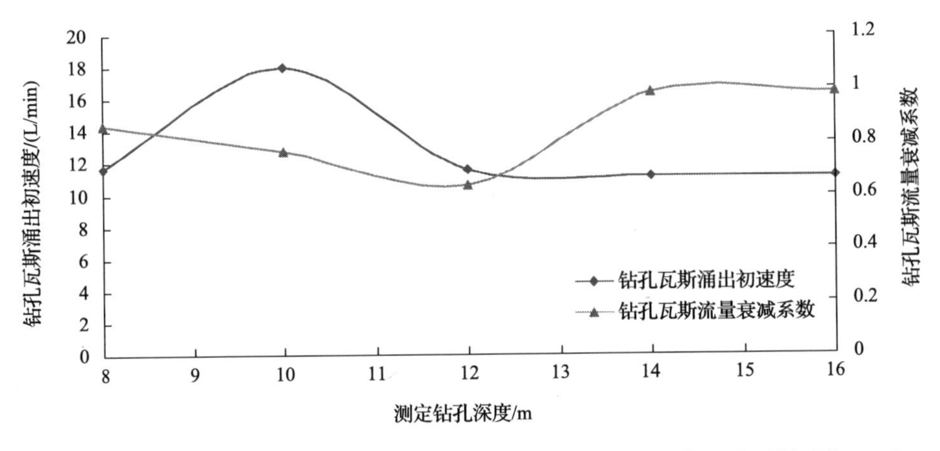

图 6-12 赵各庄矿现场测定指标随钻孔深度的变化曲线(3137 东二采面距下巷 50m)

为进一步分析所研制新型钻孔瓦斯涌出初速度测定装备的可靠性，现场收集了赵各庄矿曾经测定过的钻屑瓦斯解吸指标 Δh_2 和钻孔瓦斯涌出初速度，并计算出了测定数据与相应临界值的比值，具体如表 6-11 所示。为便于对比分析，绘制出了测定指标数据与临界值比值的变化曲线，具体如图 6-13 所示。

根据表 6-11 和图 6-13 可知，钻屑瓦斯解吸指标 Δh_2 的实测数据与采用传统钻孔瓦斯涌出初速度测定装备所测的数据相比，前者更接近于突出预测临界值。

表 6-11　现场收集数据(赵各庄矿)

测定地点	序号	Δh_2/Pa	q_{max}/(L/min)	Δh_2/200	q_{5min}/5
3139 掘一区东回风道	1	40	0.84	0.20	0.17
	2	120	1.54	0.60	0.31
3197 西上面回采	3	60	0.84	0.30	0.17
	4	90	1.89	0.45	0.38
3292 西下面回采	5	80	1.09	0.40	0.22
	6	120	2.44	0.60	0.49
3297 西上面回采	7	70	1.09	0.35	0.22
	8	160	2.44	0.80	0.49
3299 东下回风道	9	80	1.03	0.40	0.21
	10	140	2.18	0.70	0.44
3299 掘二区东半道	11	60	1.19	0.30	0.24
	12	150	3.24	0.75	0.65
3299 掘二区东下运输道	13	50	0.84	0.25	0.17
	14	150	1.34	0.75	0.27
3399 掘二区东运输道	15	100	1.29	0.50	0.26
	16	110	3.24	0.55	0.65
3399 掘二区东半道	17	80	1.5	0.40	0.30
	18	120	3.24	0.60	0.65
3599 西五中	19	60	0.84	0.30	0.17
	20	100	1.76	0.50	0.35
3599 东五中	21	90	1.22	0.45	0.24
	22	100	2.04	0.50	0.41
3699 掘一区东上山	23	80	1.03	0.40	0.21
	24	150	2.04	0.75	0.41
3699 掘一区东回风道	25	90	1.14	0.45	0.23
	26	100	2.04	0.50	0.41
平均值		98	1.67	0.49	0.33

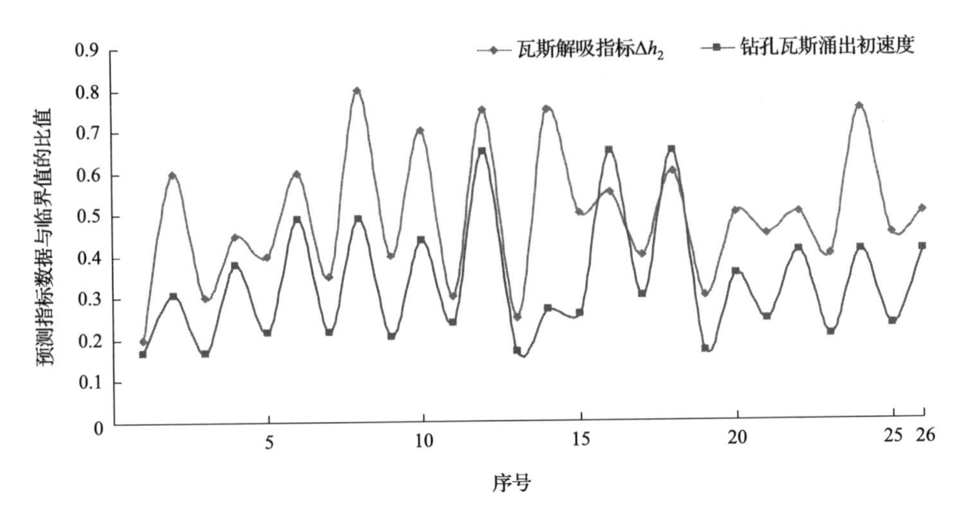

图 6-13　测定指标数据与临界值比值的变化曲线(赵各庄矿)

6.2　两淮矿区钻孔瓦斯涌出初速度测定

淮北矿业(集团)有限责任公司是我国重点采煤矿区之一，其所属的芦岭煤矿为一突出矿井，该矿的 8 煤层均属于强突出煤层，瓦斯含量较大，平均为 $20m^3/t$，瓦斯压力最高可达 5.5MPa，煤层透气性较差，约为 0.028($m^3/m^2\cdot d$)，历史上曾多次发生煤与瓦斯突出事故。淮南矿业集团是煤矿瓦斯治理国家工程研究中心的产业化基地，煤与瓦斯突出灾害也非常严重，望峰岗矿是淮南矿区的深井实验室基地。为此，将两淮矿区的现场试验地点选择在淮北芦岭煤矿和淮南望峰岗矿。

6.2.1　两淮矿区测定矿井的突出危险性分析

1. 淮北芦岭矿突出危险性分析

自建矿以来，先后发生煤与瓦斯突出 25 次，均发生在 8 煤层，平均突出煤量 516.7 吨，瓦斯量 5.57 万 m^3；其中，2002 年 4 月 7 日发生的煤与瓦斯突出，突出岩、煤总量为 8729 吨，突出瓦斯总量为 93 万 m^3。从横向来看突出点主要分布在一采区、二采区、四采区和六采区，其中，一采区突出强度最大，次数最多，占总突出数的 40%，四采区占 32%，二采区占 20%，六采区占 8%；从纵向来看，随着深度增加，瓦斯突出次数及突出强度整体呈升高发展趋势，具体情况见表 6-12[43]。

表 6-12　芦岭矿煤与瓦斯突出分采区汇总表

项目		采区			
		一	二	四	六
始突深度/m		321	396	339	386
突出次数	垂深 300～400m	3	1	3	1
	垂深 400～500m	0	4	5	1
	垂深 500～600m	5	0	0	0
	垂深 600m 以下	2	0	0	0
突出次数占总突出数的百分比/%		40	20	32	8

所发生的 25 次突出中，煤与瓦斯倾出最多，为 12 次；小型突出（小于 100t）占突出总数的 72%。

随着开采深度的增加，突出强度显著增强，尤其是开采深度大于 600m 后，平均突出强度增大尤为显著。芦岭煤矿煤与瓦斯突出大多在石门揭煤发生，而且突出强度最大，这与全国煤与瓦斯突出强度的一般规律相吻合。在各种构造中，煤层厚度变化突出最频繁，共发生 10 次，突出强度也最大；然后是断层和褶皱，在所发生的突出点均有软分层的存在，软分层是引起芦岭煤矿煤与瓦斯突出的主要因素。

2. 淮南谢一矿突出危险性分析

谢一矿在 1978 年－370m 中央石门 B11b 机巷发生第一次煤与瓦斯突出后，至今共发生煤与瓦斯突出事故 39 次。其中，2006 年 1 月 5 日，所属望峰岗井在主井井筒过 C13 煤层时发生煤与瓦斯突出，突出煤量 2831 吨，突出瓦斯量 29.27 万 m^3，造成 12 人死亡。该矿历年来的煤与瓦斯突出情况见表 6-13[44]。

突出多发生在矿井 $F_{12\text{-}11}$ 与 $F_{13\text{-}4}$ 两断层之间和 $F_{13\text{-}5}$ 断层下盘及附近区域。突出区域煤质较松，较破碎，煤的坚固性系数在 0.3 左右，煤体构造多为暗黑色，片粉状，层理不明显。突出多发生在石门揭煤过程中且强度大，压出多发生在煤巷掘面，而倾出多发生在上山掘进，且突出煤量大多在 100t 以下。放炮诱导突出次数占首位，其次为风镐落煤诱导突出和水枪冲击落煤诱导突出。

表 6-13　谢一矿历年突出情况统计表

序号	时间	地点	巷道类别	距地表垂深/m	煤层	突出强度		突出类型
						煤量/t	瓦斯/m^3	
1	1978-08	4221-B11b 顺槽	煤巷	395	B11b	7	1135	压出
2	1980-04	4231-B11b 顺槽	煤巷	452	B11b	10	2058	压出
3	1980-05	4231-B11b 顺槽	煤巷	452	B11b	29	3107	压出
4	1980-06	4231-B11b 顺槽	煤巷	452	B11b	13	1030	压出
5	1981-11	4242-B11b 下山	煤下山	460	B11b	25	7092	倾出
6	1982-02	42-480Ⅱ线石门	石门	505	B11b	100	7300	突出
7	1987-07	4252-B11b 顺槽	煤巷	540	B11b	15	1800	压出
8	1995-03	4272C13 联络石门	石门	690	C13	98	2590	突出
9	2000-08	−720Ⅳ线石门揭 B11b 煤层	石门	750	B11b	210	5900	突出
10	2001-08	4271B11b 顺槽	煤巷	605	B11b	52	670	压出
11	2001-09	4271B11 机巷联络石门	石门	668	B11b	11	169	倾出
12	2002-01	4272 切眼下山	煤下山	660	B11b	50	1800	压出
13	1959	6-127$_M$C13 平巷	煤巷	155	C13	15		倾出
14	1966	9-252$_M$C13 平巷	煤巷	280	C13	20		倾出
15	1967	10-322$_M$二平门	石门	350	B11b	42		倾出
16	1973-08	10-322$_M$ 二平门以南 C13 上山	煤上山	350	C13	58	10800	倾出
17	1969	7～9-322 运中巷 1#	岩巷	350	C13	50		倾出
18	1979-12	−522 总回风石门	石门	535	B11b	75		突出
19	1980-01	−522 总回风石门	石门	535	B11b	80	4545	突出
20	1980-11	33-400C13 顺槽	煤巷	430	C13	15	4370	压出
21	1981-02	33-400^{N}B11b 顺槽	煤巷	426	B11b	15	1479	压出
22	1981-03	33-400^{N}B11b 顺槽	煤巷	426	B11b		3484	喷出
23	1981-04	−660$_M$2#副斜井绕道	石门	690	B4b	128	1791	倾出
24	1981-06	33-400^{N}B11b 工作面	回采面	398	B11b	35	1087	压出
25	1981-08	33-400^{N}B11b 工作面	回采面	418	B11b	54	3764	压出
26	1983-03	33-450C13^{S}斜上山	煤上山	446	C13	50	1153	倾出
27	1984-08	32-517 回风石门	石门	550	B11b	300	10329	突出

续表

序号	时间	地点	巷道类别	距地表垂深/m	煤层	突出强度		突出类型
						煤量/t	瓦斯/m³	
28	1985-03	33-450 B11b 顺槽	煤巷	469	B11b	22	525	压出
29	1985-05	33-500C13^{N}顺槽	煤巷	528	C13	18	3928	压出
30	1986-11	—650 皮带机石门	石门	678	B11b	250	4118	突出
31	1987-12	33-506C13^{S}切眼	煤上山	488	C13	33	2647	倾出
32	1988-05	—660 改向正石门	石门	684	B11b	1012	26000	突出
33	1988-12	31-470^{N}C13 顺槽	煤巷	498	C13	30	5416	压出
34	1989-06	33-506 B11b 顺槽	煤巷	534	B11b	12	818	压出
35	1990-02	42-650 B11b 联络巷	煤巷	683	B11b	600	30000	突出
36	1990-09	43-567 轨道石门	石门	595	B11b	70	2000	压出
37	1990-11	43-567 轨道石门	石门	595	C13	507	18159	突出
38	1994-06	44-567B9 顺槽	煤巷	581	B9	31	1801	压出
39	2006-01	井筒揭煤	石门	956	C13	2831	292700	突出

6.2.2　两淮矿区钻孔瓦斯涌出初速度测定

结合这两个矿的采掘布置实际情况，芦岭煤矿的测定地点选择在Ⅱ884 4号切眼掘进工作面和Ⅱ827^{-1}回采工作面，望峰岗矿的测定地点选择在—806m C15 瓦斯抽排平巷和—817m～—780m C15 联巷。测定过程中，同时测定这两个矿的日常突出预测指标 Δh_2 和 K_1，试验结果如表 6-14 所示。

表 6-14　两淮矿区现场测定数据

地点	孔深/m	q/(L/min)	Δh_2/Pa	地点	孔深/m	q/(L/min)	K_1/(mL/g·min$^{\frac{1}{2}}$)
Ⅱ884 4号切眼掘进工作面	8	4.49	180	—806m C15 瓦斯抽排平巷	8	4.36	0.42
	12	8.97	360		12	4.78	0.46
	16	3.69	140		16	2.80	0.26
Ⅱ827^{-1} 回采工作面	8	0.89	40	—817～—780m C15 联巷	8	4.92	0.48
	12	1.70	70		12	5.46	0.52
	16	4.45	180		16	3.98	0.38

根据表 6-14 的测定数据可知，该装备所测的钻孔瓦斯涌出初速度(q)数据与这两个矿日常突出预测指标 Δh_2 和 K_1 数值的变化趋势基本一致。在Ⅱ884 4 号切眼掘进工作面 12m 深处，钻孔瓦斯涌出初速度接近 9L/min，超过了临界值 5L/min；因为，虽然掘进前已经实施了区域防突措施（底板穿层钻孔预抽煤层瓦斯）和局部防突措施（边掘边抽），但是，该矿根据《防治煤与瓦斯突出规定》的要求，突出预测钻孔深度定为 8～10m。在Ⅱ827^{-1}回采工作面测定地点（16m 深范围内）的钻孔瓦斯涌出初速度均在临界值 5 L/min 以下。因为，该工作面距停采线只有 50m，在底板穿层钻孔预抽煤层瓦斯后，工作面开采期间，又实施了顺层钻孔大面积预抽，且时间比较长。在－806m C15 瓦斯抽排平巷和－817～－780m C15 联巷已经采取了瓦斯抽排措施，煤层瓦斯含量已大幅度下降，但是，在工作面前方 8～12m 深处仍接近于突出预测临界值，甚至于略微超标。

6.3　郑州矿区钻孔瓦斯涌出初速度测定

在郑州矿区的钻孔瓦斯涌出初速度测定，选择在位于该矿区的国投河南新能开发有限公司王行庄煤矿。

6.3.1　郑州矿区测定矿井的突出危险性分析

2008 年 4 月中国矿业大学对王行庄煤矿开采深度－240m 以上的$二_1$、$二_3$ 煤层进行了突出鉴定，鉴定结论为王行庄煤矿$二_1$、$二_3$ 煤层开采标高－240m 以浅（一水平 ）不具有突出危险性[45]。

随着矿井逐渐进入深部开采，地应力和瓦斯压力急剧上升，发生煤与瓦斯突出的可能性逐步增加，根据预测，$二_1$、$二_3$ 煤层的始突深度分别是－380m 和－420m。河南省煤矿安全监察局也于 2014 年 5 月督促王行庄煤矿认真进行煤与瓦斯突出矿井升级改造[46]。

6.3.2　郑州矿区钻孔瓦斯涌出初速度测定

郑州矿区的钻孔瓦斯涌出初速度现场测定地点选择在王行庄矿的 11091 下顺槽上段进行，在现场测定过程中，同时测定了最大钻屑量，具体测定结果如图 6-14 所示。

根据图 6-14 可知，在郑州矿区王行庄煤矿 11091 下顺槽，所测钻孔瓦斯涌出初速度与最大钻屑量的数值变化趋势不完全一致，前者多数位于突出临

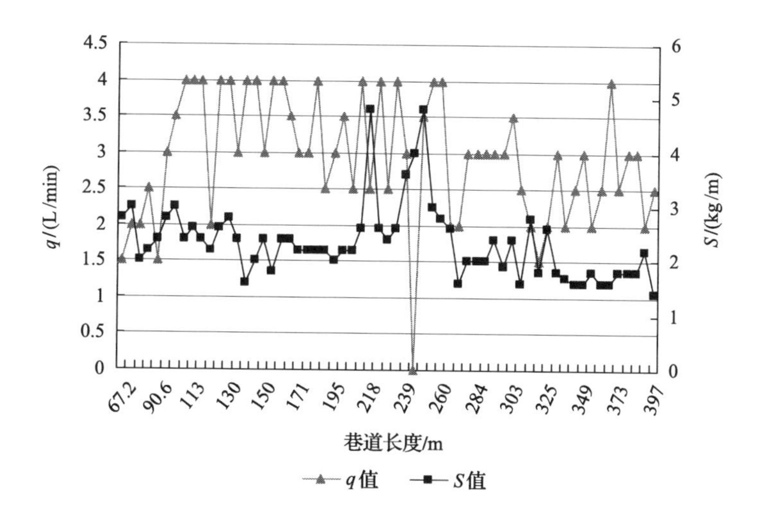

图 6-14　11091 下顺槽上段掘进工作面 S 与 q 随巷进尺变化曲线

界值的 60%～80%,后者则相对较低,多数只有突出临界值的 30%～50%;很明显,前者反馈出的突出危险性相对较高。

6.4　平顶山矿区钻孔瓦斯涌出初速度测定

6.4.1　平顶山矿区测定矿井的突出危险性分析

平顶山矿区的钻孔瓦斯涌出初速度测定选择在六矿。平顶山六矿自 2001 年 3 月 9 日丁 56-21050 机巷发生了第一次煤与瓦斯动力现象以来,先后已出现过 11 次较大的瓦斯动力现象,见表 6-15[47]。同时 2004 年 10 月 20 日,戊二下山瓦斯抽放站在施工过程中发生岩石钻孔瓦斯喷出现象,共喷出瓦斯 11000 多立方米,2005 年 5 月 20 日,戊 8-22170 机车场在施工过程中第二次发生瓦斯喷出现象,瓦斯喷出流量为 88mL/min,2006 年 8 月 9 日,戊 8-22170机巷在施工到 690 米处遇见地质构造带再次发生瓦斯喷出现象,喷出瓦斯 110m^3。并于 2005 年 6 月由煤炭科学研究总院抚顺分院鉴定丁组煤层为突出煤层,矿井被鉴定为突出矿井。

表 6-15　平煤股份六矿丁组煤层历次瓦斯动力现象情况

序号	时间	突(喷)出地点	突出煤量/t	涌出瓦斯量/m³	突出点标高/m	垂深/m
1	2001-03-09	丁$_{5\text{-}6}$-21050 机巷	3	400	−476	550
2	2002-04-01	丁$_{5\text{-}6}$-22260 风巷	4	500	−630	820
3	2002-09-01	丁一专用回风巷	24	412	−491	570
4	2002-12-18	丁$_{5\text{-}6}$-22200 采面	10	405	−570	700
5	2003-06-21	丁$_{5\text{-}6}$-21070 采面		308	−503	653
6	2003-10-27	丁$_{5\text{-}6}$-22150 风巷	43	349	−519	660
7	2006-12-05	丁$_{5\text{-}6}$-22140 采面	47	1082	−420	570
8	2007-11-03	丁$_{5\text{-}6}$-22260 采面	48	840	−650	840
9	2009-04-18	丁$_{5\text{-}6}$-22180 采面	23	616	−515	780
10	2009-12-09	丁$_{5\text{-}6}$-21090 采面		266	−523	843
11	2010-06-11	丁$_{5\text{-}6}$-22180 采面	2	336	−515	780

6.4.2　平顶山矿区钻孔瓦斯涌出初速度测定

六矿现场测定地点为丁$_{5\text{-}6}$-21110 工作面，同时测定了流量和压力，具体测定结果见表 6-16。

表 6-16　平顶山矿区现场测定数据

地点	孔深/m	q/(L/min)	P/kPa	Δh_2/Pa	S_{max}/(kg/m)
六矿 丁$_{5\text{-}6}$21110 风巷	8	1.8	65	80	6.5
	10	2.8	126	120	14.0
	12	2.0	68	80	11.0
	16	1.3	52	50	10.0

根据表 6-16 可知，在平顶山矿区，六矿测定地点的突出危险性相对较高，随着钻孔深度的增加，钻孔瓦斯涌出初速度、钻孔瓦斯压力、钻屑瓦斯解吸指标和最大钻屑量的变化趋势是一致的。

通过在开滦、两淮、郑州及平顶山等矿区的现场试验与应用，钻孔瓦斯涌出初速度测定技术取得了良好效果，主要体现在如下几个方面：

(1) 该装备能够被快速送入煤层钻孔深处(测定钻孔深度高达 12～16m)，并实现对钻孔的有效密封；与传统钻孔瓦斯涌出初速度测定装备相比，新型钻孔瓦斯涌出初速度测定装备所测数据更高，测定结果更加准确、可靠，能更准确地反映出突出危险性。

(2) 钻孔瓦斯涌出初速度、钻孔瓦斯流量衰减系数、钻孔瓦斯流动压力与突出预测指标 Δh_2 和最大钻屑量 S_{max} 随钻孔深度的变化规律基本一致。

(3) 与突出预测指标 Δh_2 相比，钻孔瓦斯涌出初速度及其衰减系数的测定地点是可控的，另外，前者没有考虑应力问题，仅体现了煤体饱含瓦斯的多寡及其释放速度；因而从理论上说，钻孔瓦斯涌出初速度及其衰减系数能更加全面地反映煤与瓦斯突出危险性。

第 7 章　基于钻孔瓦斯涌出初速度的煤与瓦斯突出预测预警技术

煤与瓦斯突出通常具有突发性，因此，如果在灾害发生之前能够提前进行预警，可为现场作业人员提供充足的逃生时间，从而有效降低灾害损失。

7.1　工作面前方应力、透气性与瓦斯压力分布规律

1. 掘进头前方煤体应力分布规律

在掘进头前方，由于受采动影响，地应力将重新分布，一般情况下，如图 7-1 所示。在图 7-1 中，r 为距掘进头的距离，σ 为地应力，σ_0 为原始应力。$0\sim R_d$ 为卸压区，该区内的应力低于原岩应力。$R_d\sim R_e$ 为集中应力区，该区内的应力高于原岩应力；它可分为塑性变形区（$R_d\sim R_p$）和弹性变形区（$R_p\sim R_e$）。$R_e\sim\infty$为原始应力区，该区的应力等于原始应力[48]。即地应力先上升后下降，最终趋于原始应力的状态。

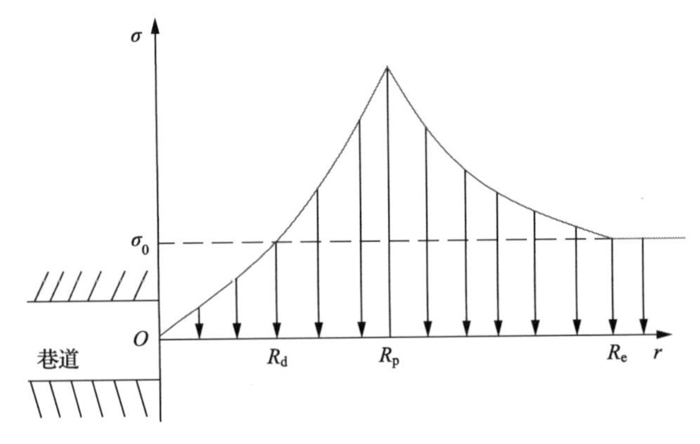

图 7-1　掘进工作面前方煤体中的应力分布状态

在图 7-1 中的应力峰值处，左右两条曲线的数值相等，但是，很明显斜率不一致；这种状况不完全符合连续条件。那么应力峰值位置的地应力数值和斜率是否完全相等呢？为此，通过数值模拟反演煤与瓦斯突出前后的应力分

布状况，探索掘进工作面前方的应力分布规律。

1）数值模拟方案

选取常见的煤巷上山掘进为研究对象，并以开滦矿区马家沟矿上山掘进突出后遗留下的典型孔洞形状及其煤层赋存条件为背景，从数值模拟的角度，采用 RFPA-Flow 软件反演该矿上山掘进突出发生过程，并提取突出前后掘进工作面前方的煤体应力数据，总结出应力分布规律。具体步骤如下：首先，根据突出地点煤层的赋存形状建立基本数值模型；其次，根据马家沟矿现有资料大致设定有关参数进行数值模拟；最后，将模拟出的孔洞形状与实际突出遗留孔洞进行比较，调整有关参数，直到二者基本相似为止。

2）RFPA-Flow 简介

由东北大学岩石破裂与失稳研究中心研究开发的 RFPA-Flow 系统，是一个以弹性力学为应力分析工具，以弹性损伤理论及其修正后的 Coulomb 破坏准则为介质变形和破坏分析的岩石破裂过程分析系统[49,50]。根据煤岩体变形与瓦斯渗流的基本理论，在其基础上，耦合可压缩瓦斯气体与煤岩体变形的相互作用，建立含瓦斯煤岩破裂过程流固耦合作用的数学模型[48]。因此，可以利用该模型对煤矿开采过程中的突出现象进行数值模拟研究。

3）建立数值模型

根据马家沟矿的突出历史记录，选取两个典型的上山掘进突出孔洞，如图 7-2 所示。根据图 7-2 所示的煤层赋存形状，设计出数值模型如图 7-3 所示。煤层倾斜赋存，掘进方向沿煤层向上，顶底板岩层不含有瓦斯，数值模型

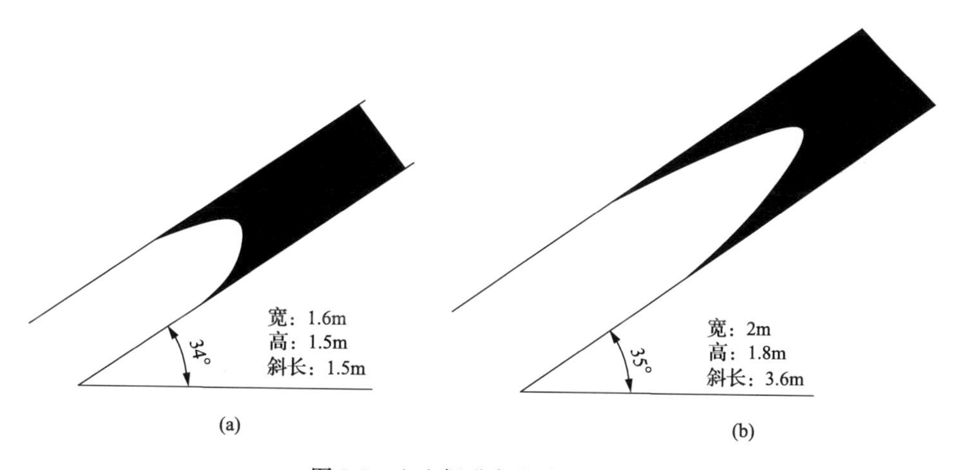

图 7-2　上山掘进突出孔洞示意图

采用平面应变分析，模型尺寸为 12m×12m，划分为 120×120 个单元。煤层厚度为 3m，模型中岩层边界的透气性系数为零，掘进工作面瓦斯气体压力为 0.1MPa，模拟大气压力状况，而远离掘进工作面的煤层边界处于原始瓦斯压力状态。

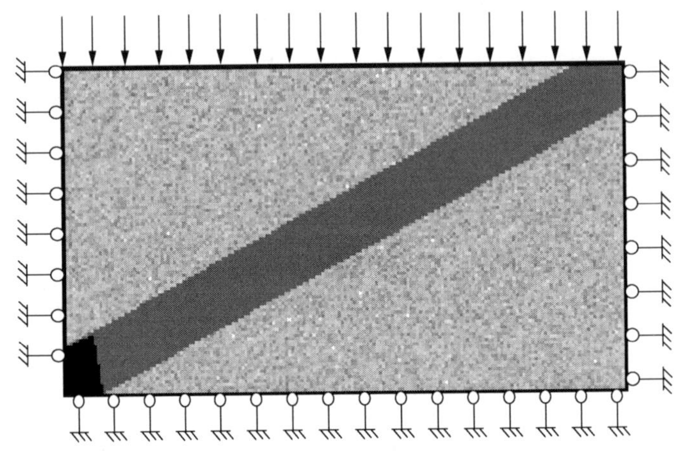

图 7-3 上山掘进数值模型

4) 模拟结果

通过不断地调整瓦斯压力、地应力、力学及渗流参数，可得到各种不同的突出发展过程。当瓦斯压力为 0.8MPa，地应力为 25MPa，煤岩层的力学及渗流参数如表 7-1 所示时，模拟突出发展过程如图 7-4 所示。

表 7-1 数值模型力学及渗流参数

物质	均质度	弹性模量/GPa	抗压强度/MPa	泊松比	压拉比	透气系数/[m²/(MPa²·d)]	内摩擦角/(°)	耦合系数
软煤	6	5	8	0.3	25	0.05	20	0.2
煤层	8	10	15	0.3	20	0.1	30	0.2
岩层	20	50	60	0.25	10	0.01	40	0.1

图 7-4 中黑色的煤体表示破裂到一定程度，足以被抛出，因此，它也就是突出后的孔洞形状；从图 7-4 也可清楚地看出整个突出发展的过程。将图 7-4(f)与图 7-2 相比，不难发现，图 7-4(f)里被抛出煤体与图 7-2 中的实际突出孔洞十分相似，则数值模型及其所设的参数与实际地质条件基本一致，这样通过数值模拟就反演出了突出发生的地质条件(地应力为 25MPa；瓦斯压力为

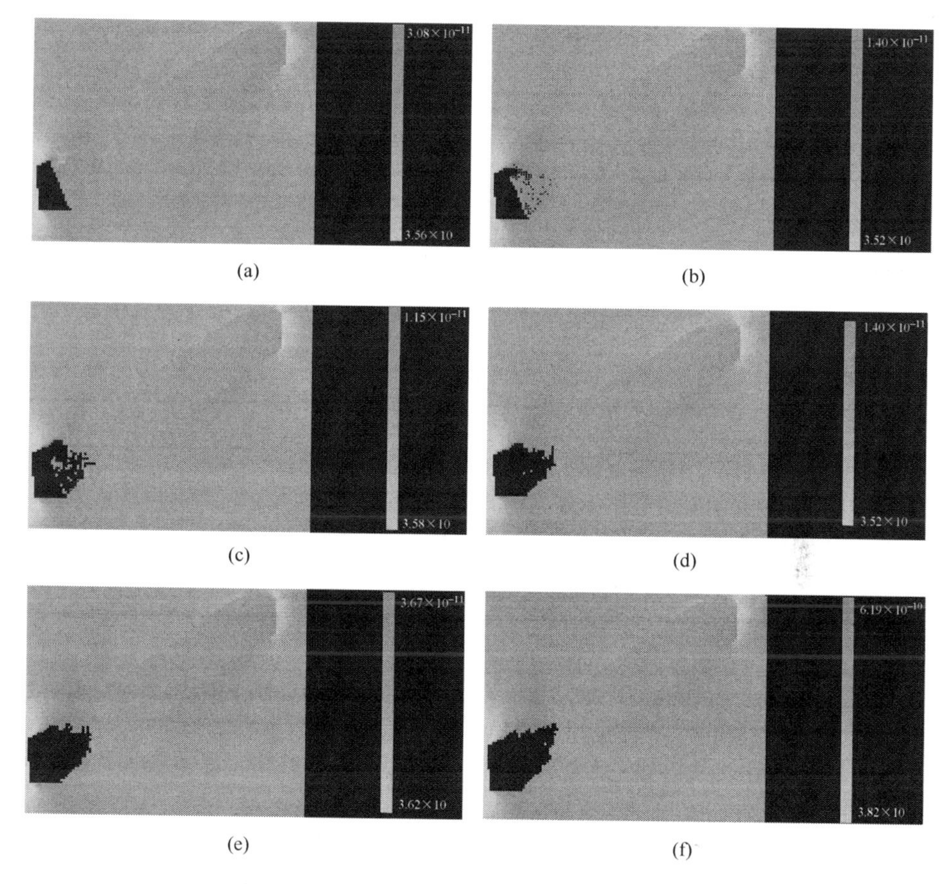

图 7-4　数值模拟的上山掘进突出过程示意图

0.8MPa;掘进头前方存在软煤;煤层倾角为 35°。)

5) 掘进工作面前方应力分布规律

对模拟结果进行数值处理,提取有关数据,可分别得出突出前后掘进头前方煤层内的应力分布曲线,具体如图 7-5 所示。突出发生后,煤层内的应力集中点距掘进头的距离变大,卸压区宽度有了较大的增加,地应力梯度降低;当应力恢复到原始应力状态后,两条曲线基本重合并呈上升趋势,而在实际中原始应力状态曲线基本是水平的,这里由于本模型远小于实际矿井的尺寸,故在模型边界存在一定的应力集中。

根据图 7-5 中的两条应力曲线分布状况可知,在掘进工作面前方,地应力总体上呈先上升后下降,并最终趋于原始应力状态;但是,当掘进工作面前方

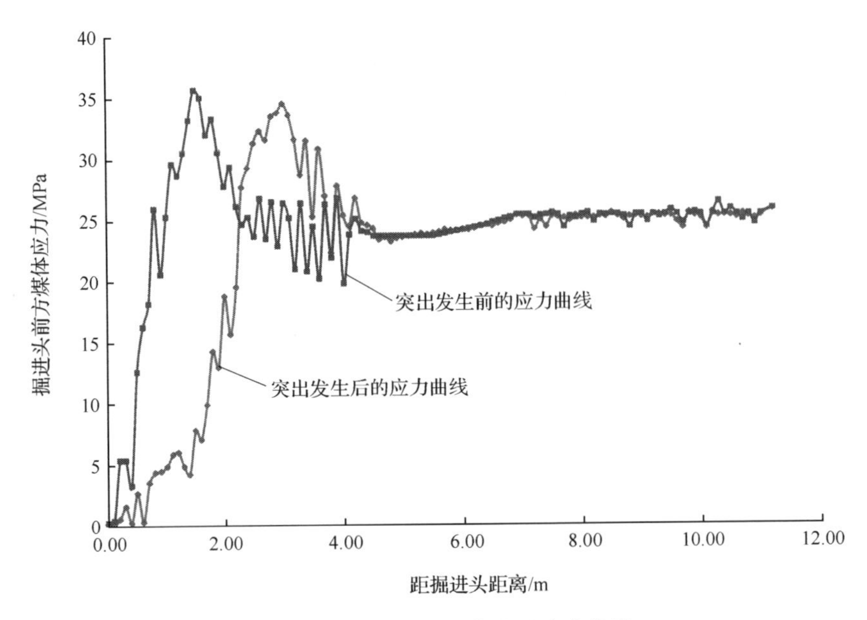

图 7-5 掘进头前方煤体内的应力曲线

的卸压区比较窄时，服从第一种分布规律(图 7-6 中的实线)，在峰值处的应力增长速度(左边)和下降速度(右边)都为最大值，地应力上升速度越来越快，到峰值后，地应力下降速度越来越慢；反之，当掘进工作面前方卸压比较充分时，服从第二种分布规律(图 7-6 中的虚线)，则地应力上升速度先增加后减小，到峰值时，速度变化为零，地应力下降速度也是先增加后减小。

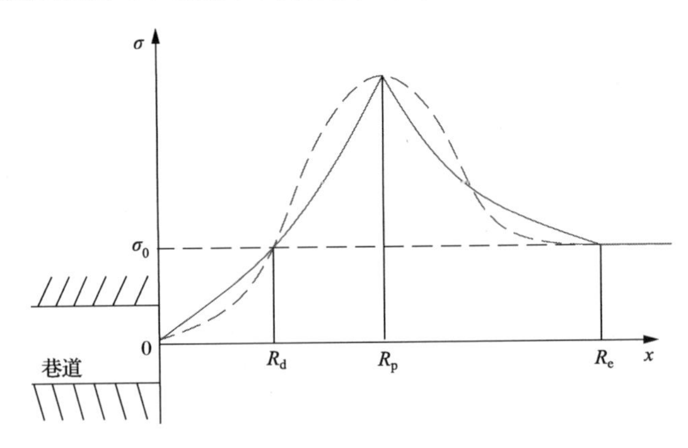

图 7-6 掘进头前方煤体应力分布状况修正图

2. 掘进头前方煤体透气性分布规律

根据上述分析可知，在采掘影响下，掘进头前方煤体应力重新分布；煤体透气性对地应力非常敏感，而且，掘进头前方部分煤体在应力作用下已经破裂，因此，煤体透气性也将重新分布，具体如图7-7所示。根据图7-7可知，掘进头前方煤体透气性与地应力的分布状况具有对应性，地应力越高，透气性越低；总体上看，透气性先降低，后上升，最终趋于原始值。

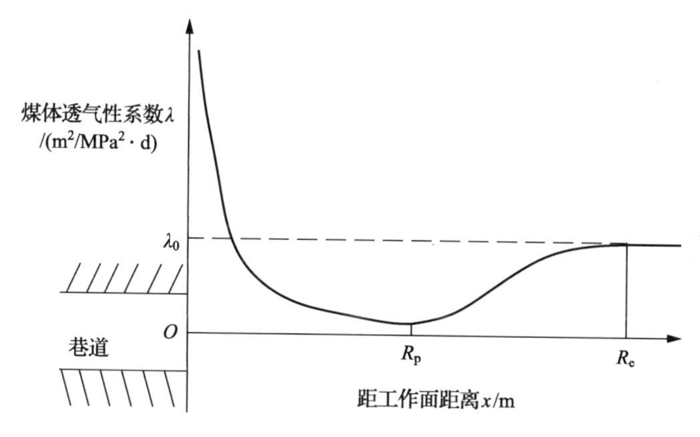

图7-7　掘进头前方煤体透气性系数分布状况示意图

3. 掘进头前方煤层瓦斯压力动态分布规律

1) 应力集中对瓦斯压力的影响

煤的瓦斯含量是指单位重量的煤中所含有的瓦斯量。原始应力状态下煤的瓦斯含量计算公式为

$$X_1 = \frac{V_1 p_1 T_0}{T_1 p_0 \xi_1} + \frac{abp_1}{1+bp_1} e^{n_1(t_0-t_1)} \frac{100-A-W}{100\times(1+0.31W)} \tag{7-1}$$

式中，V_1 为单位重量煤的孔隙容积，单位为 m^3/t；p_1 为瓦斯压力，单位为MPa；T_0 为标准状况下的绝对温度（273K）；p_0 为标准大气压力（0.101325MPa）；T_1 为瓦斯的绝对温度，单位为K；ξ_1 为瓦斯压缩系数；e为自燃对数的底数，e=2.718；t_0 为实验室测定煤的吸附常数时的温度，单位为℃；t_1 为煤层温度，单位为℃；n_1 为系数，$n_1=\frac{0.02}{0.993+0.07p_1}$；$a$、$b$ 分别为煤的吸附常数，其单位分别为 m^3/t、MPa^{-1}；A、W 分别为煤中的灰分和水分，单

位为%；X_1 为原始应力状态下煤体瓦斯含量，单位为 m^3/t。

同理，应力集中状态下煤的瓦斯含量为

$$X_2 = \frac{V_2 p_2 T_0}{T_2 p_0 \xi_2} + \frac{abp_2}{1+bp_2} e^{n_2(t_0-t_2)} \frac{100-A-W}{100\times(1+0.31W)} \tag{7-2}$$

式中，下标“2”表示应力集中状态下的相应参数。

因为 $0.993 \gg 0.07p_1$，n_1 与 n_2 近似相等。应力集中前后煤的瓦斯含量是不变的，即原始应力状态下的瓦斯含量与应力集中状态下的瓦斯含量相等，再忽略煤体的温度变化，则

$$\begin{aligned}&\frac{V_1 p_1 T_0}{T_1 p_0 \xi_1} + \frac{abp_1}{1+bp_1} e^{n_1(t_0-t_1)} \frac{100-A-W}{100\times(1+0.31W)} \\ = &\frac{V_2 p_2 T_0}{T_2 p_0 \xi_2} + \frac{abp_2}{1+bp_2} e^{n_1(t_0-t_1)} \frac{100-A-W}{100\times(1+0.31W)}\end{aligned} \tag{7-3}$$

现取掘进头前方的某个煤体进行分析，具体如图 7-8 所示。

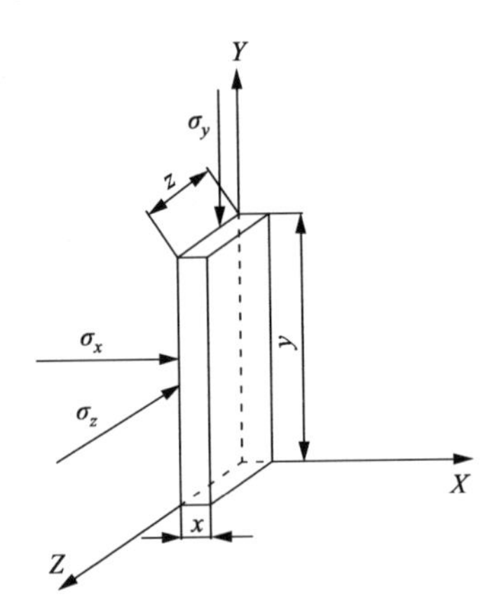

图 7-8 煤体正应力示意图

图 7-8 中，x 为所取煤体的厚度，y 为巷道高度，z 为巷道宽度，σ_x、σ_y、σ_z 分别为 x，y，z 三个方向的应力，则三个方向的线应变 ε_x、ε_y、ε_z 分别为

$$\varepsilon_x = \frac{1}{E}[\sigma_x - \mu(\sigma_y + \sigma_z)] \tag{7-4}$$

$$\varepsilon_y = \frac{1}{E}[\sigma_y - \mu(\sigma_z + \sigma_x)] \tag{7-5}$$

$$\varepsilon_z = \frac{1}{E}[\sigma_z - \mu(\sigma_x + \sigma_y)] \tag{7-6}$$

式中，μ 为柏松比；E 为弹性模量，单位为 GPa。

在 Z 轴方向的应变为 0，则

$$\varepsilon_x = \frac{1}{E}[\sigma_x - \mu(\sigma_y + \mu\sigma_x + \mu\sigma_y)] \tag{7-7}$$

$$\varepsilon_y = \frac{1}{E}[\sigma_y - \mu(\sigma_x + \mu\sigma_x + \mu\sigma_y)] \tag{7-8}$$

忽略煤体的温度变化，不考虑煤体的角应变，根据能量守恒定律，有

$$\begin{aligned} &\left[y - \frac{(V_1 - V_2)xyz\rho}{xz}\right]xz\varepsilon_y\sigma_y + \frac{(V_1 - V_2)xyz\rho}{xz}xz\sigma_y \\ &+ \frac{1000xyz\rho\left(V_1\dfrac{p_1 T_0}{p_0 T_1} - V_2\dfrac{p_2 T_0}{p_0 T_2}\right)}{22.4}L_v \\ &= -\sigma_x\varepsilon_x xyz + \frac{1000p_2 T_0}{22.4p_0 T_2}xyz\rho V_2\bar{C}(T_2 - T_1) + \Delta W \end{aligned} \tag{7-9}$$

式中，ρ 为煤体密度，单位为 t/m^3；ΔW 为所取煤体弹性变形能的增加量，单位为 J；L_v 为甲烷蒸发潜热，单位为 J/mol；$\bar{C}$ 为甲烷的平均热容，单位为 J/mol。

根据式(7-3)和式(7-9)，有

$$\begin{aligned} &\left[\frac{V_1 p_1 T_0}{T_1 p_0 \xi_1} + \frac{abp_1}{1+bp_1}e^{n_1(t_0-t_1)}\frac{100-A-W}{100\times(1+0.31W)}\right. \\ &\left.-\frac{abp_2}{1+bp_2}e^{n_2(t_0-t_2)}\frac{100-A-W}{100\times(1+0.31W)}\right] \\ &\times\frac{1000xyz\rho(L_v - \bar{C}T_1)\xi_2}{22.4} - xyz\varepsilon_y\sigma_y - \frac{1000xyz\rho V_1 p_1 T_0}{22.4p_0 T_1}L_v \\ &- xyz\sigma_x\varepsilon_x + \frac{1000xyz\rho p_2 T_0}{22.4p_0}V_2\bar{C} + \Delta W \\ &= (V_1 - V_2)(1-\varepsilon_y)xyz\rho\sigma_y \end{aligned} \tag{7-10}$$

从理论上讲，将式(7-7)和式(7-8)代入式(7-10)，然后可以求出瓦斯压力的解析解，但是，结果非常复杂，而且也不能直接辨别出瓦斯压力与应力的关系。为此，先给定某些已知条件，通过计算机采用数值求解的方法计算出相应的瓦斯压力值，然后，根据不同条件下的瓦斯压力值来判断其与应力的相关

关系。

由于求解涉及的参数比较多，在此仅给出几个主要参数，具体如表 7-2 所示。

表 7-2　煤体的主要参数

参数	p_1 /MPa	T_1/K	$\bar{C}$ /(J/mol)	L_v /(J/mol)	A /(m³/t)	b /(MPa⁻¹)	E /GPa	z/m	y/m	x/m	V_1/m³
数值	1.2	300	60	8000	25	1	10	3	3	0.01	0.1xyz

在设置好煤体参数以后，每给定一组 σ_y、V_2（随着应力增大，煤体内的裂隙趋于闭合状态，即 σ_y 与 V_2 成反向比例关系），则可计算出相应的瓦斯压力 p_2，具体如表 7-3 所示。

表 7-3　煤体瓦斯压力与应力的关系

应力 σ_y/MPa	15	16	17	18	19	20
孔隙体积 V_2/(m³/t)	V_1	0.9V_1	0.8V_1	0.7V_1	0.6V_1	0.5V_1
瓦斯压力 p_2/MPa	1.209	1.465	1.741	2.044	2.388	2.797

根据表 7-3 中的数据可清楚看出：瓦斯压力随着应力的增大而增大。在应力集中状态下，煤体所承受的应力要比原始煤层应力大，因此，在应力集中状态下的煤体瓦斯压力也要比原始煤层瓦斯压力高。

2) 掘进头前方煤层瓦斯压力动态分布规律

如果掘进头前方煤体未受任何采动影响，则煤体应力和瓦斯压力均为定值。在受采动影响后，其地应力是先增加，然后下降并趋于原始地应力；根据先前的分析，瓦斯压力随应力增大而增大，因此，瓦斯压力也应该是先逐步增大，然后下降并趋于原始煤层瓦斯压力，具体如图 7-9 所示。

在图 7-9 中，有三条瓦斯压力曲线，曲线 1 表示应力集中后瞬间的瓦斯压力曲线。由于采动影响导致应力集中后，必定存在瓦斯流动，即瓦斯从煤层向掘进巷道流出，这样，煤的瓦斯含量必将减少，瓦斯压力（特别是在应力集中区域）也将降低，经过很长时间后，瓦斯压力曲线将如曲线 3 所示；曲线 2 为中间过渡期间的瓦斯压力曲线。

在煤巷掘进过程中，突出一般是在外力扰动作用（特别是放炮）下产生的，如马家沟矿由爆破引起的动力现象占其总数的 51.9%。在放炮前，掘进头前方煤体的瓦斯已经排放了一段时间，其瓦斯压力分布状况与图 7-9 中的曲线 3 比较接近；而放炮后，卸压带煤体被抛射出来，这样，形成新的掘进工作面，应

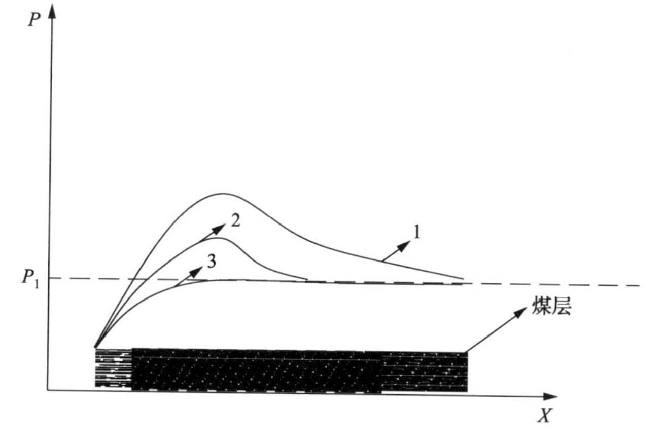

图 7-9　采动影响后的煤层瓦斯压力示意图

力集中区向深部推移，此时，掘进头前方煤体的瓦斯压力分布状况与图 7-9 中的曲线 1 比较接近；曲线 1 的最高瓦斯压力和压力梯度均比曲线 3 大，因此，单从放炮前后瓦斯压力分布状况的变化来看，放炮后，突出危险性增大。

7.2　煤与瓦斯突出预警机理分析

1. 工作面前方钻屑量分布规律

根据掘进工作面前方的地应力、煤体透气性和瓦斯压力的分布规律可知，在掘进工作面前方，存在一个地应力和瓦斯压力比较高、而透气性比较差的区间，该区间往往是煤与瓦斯突出的发源地，因此，在进行突出预测时，该区域的预测指标也相应比较高，现通过实测钻屑量对该规律进行验证。

现场测试地点选择在平顶山六矿丁 56—21110 机巷，共布置 4 个测试点。钻孔编号依次为 1～4＃，基本参数如表 7-4 所示。

表 7-4　钻孔基本参数表

孔号	孔径/mm	仰角/(°)	方位角/(°)	孔深/m
1＃	75	5	0	15
2＃	75	7	0	15
3＃	75	8	0	15
4＃	75	6	0	15

钻孔直径为 75mm，4 个钻孔在不同孔深的钻屑量测试数据见表 7-5。

表 7-5　钻屑量记录表

钻孔深度/m 钻孔编号	钻屑量/(kg/m)			
	1#	2#	3#	4#
1～2	3.6	6.2	6.4	5
2～3	3.8	6.2	5.4	6.4
3～4	4.2	6.6	5.2	5.5
4～5	6.8	6	6.8	5.8
5～6	5.2	6.6	5.4	5.4
6～7	10	6.6	5	6
7～8	6.5	6.2	8	5
8～9	8.2	7	8.2	7.6
9～10	14	7.4	9.6	9.6
10～11	12	7.4	8.2	8.6
11～12	11	13	6.8	10
12～13	11	11	9.4	8
13～14	10	11	6.6	7.8
14～15	11	10	7	6.8

为更直观地显示出突出预测指标数值随钻孔深度的变化规律，将表 7-5 中的数据绘制成图，横坐标为钻孔深度，纵坐标为钻屑量，具体如图 7-10～图 7-13 所示。

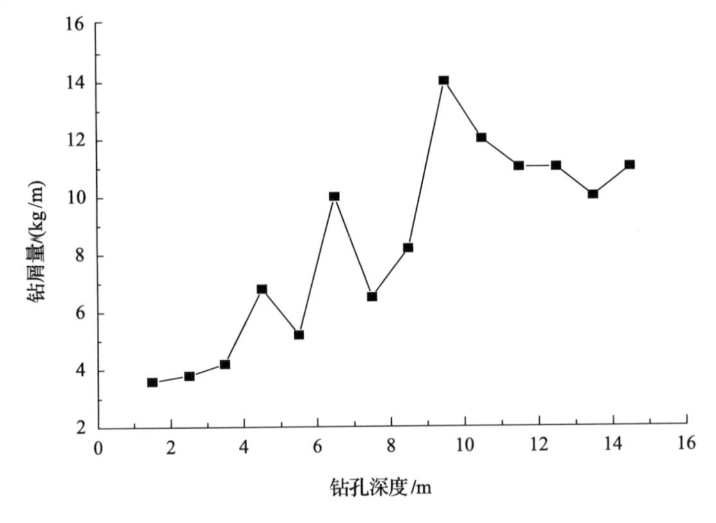

图 7-10　1#钻孔钻屑量分布规律

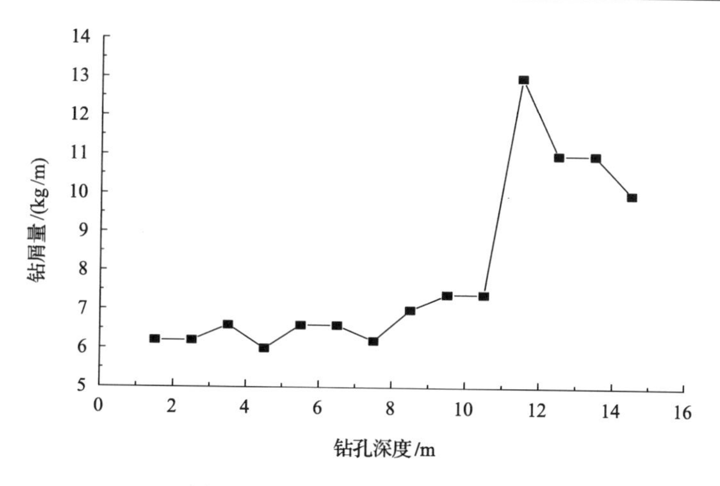

图 7-11 2#钻孔钻屑量分布规律

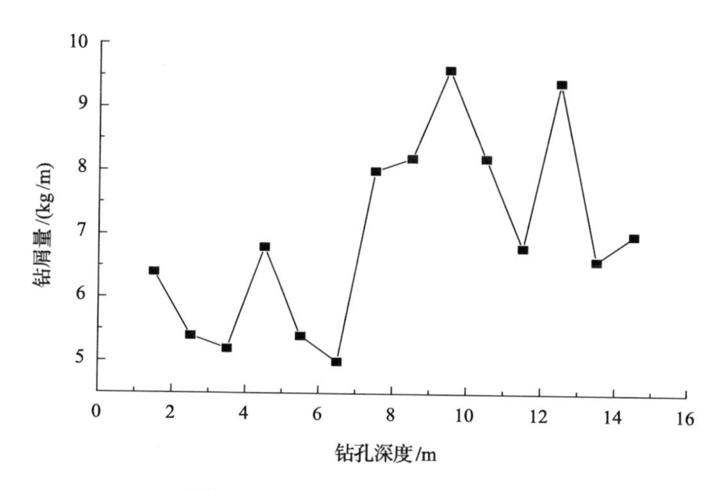

图 7-12 3#钻孔钻屑量分布规律

从图 7-10～图 7-13 可以看出，钻屑量沿孔深的变化规律与煤体内的应力分布规律基本一致；在孔深 1～9.5m 段钻屑量呈波动增加趋势，钻屑量在 9.5～12.5m 深处出现峰值，之后钻屑量逐渐降低。

2. 工作面前方钻孔瓦斯涌出初速度及其衰减系数分布规律

工作面前方的钻孔瓦斯涌出初速度及其衰减系数的连续准确测定比较困难，为此，从理论上对此进行分析。选取煤层钻孔的某个截面为研究对象进行分析，具体如图 7-14 所示。

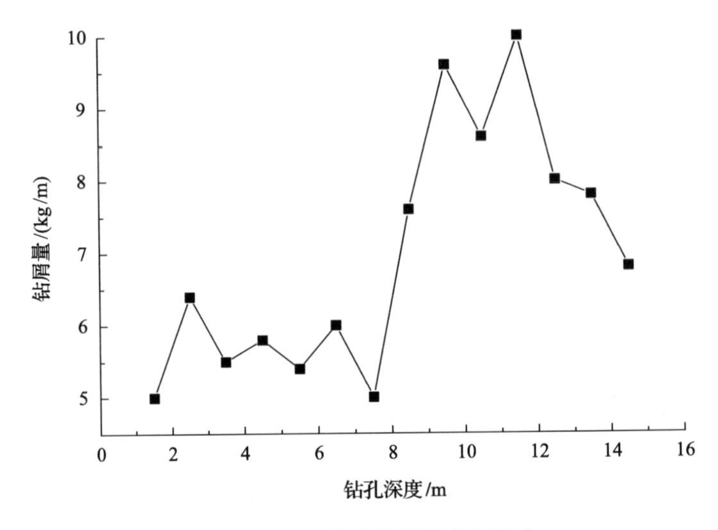

图 7-13　4＃钻孔钻屑量分布规律

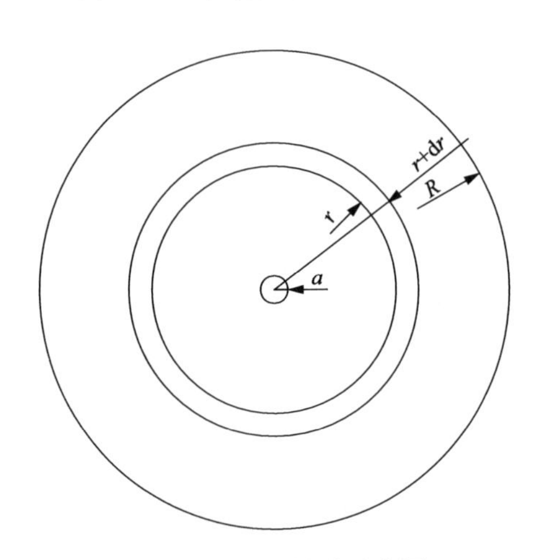

图 7-14　煤层钻孔示意图

在图 7-14 中，a 为钻孔半径，单位为 m；r 为瓦斯流动影响范围内某点距钻孔中心的距离，单位为 m；R 为瓦斯流动影响范围边界距钻孔中心的距离，单位为 m。

根据达西定律，在钻孔周围 r 处，单位长度煤壁的瓦斯流量为

$$Q = -\lambda \frac{\partial P}{\partial r} 2\pi r \tag{7-11}$$

式中，Q 为单位长度煤壁的瓦斯流量，单位为 m^3/d；λ 为煤层透气性系数，单位为 $m^2/(MPa^2 \cdot d)$，此处的分析主要为瓦斯流量沿钻孔轴线的变化，因此，暂且假定透气性系数沿钻孔径向没有变化；P 为瓦斯压力的平方，单位为 MPa^2。

现取厚度为 dr 的煤体进行分析，该圆环内外瓦斯流量的变化即为从该部分煤体涌出的瓦斯量。

$$dQ_1 = \frac{\partial Q}{\partial r} dr \tag{7-12}$$

式中，Q_1 为单位长度钻孔的瓦斯涌出量，单位为 m^3/d。

将式(7-11)代入式(7-12)，有

$$dQ_1 = -2\pi\lambda \left(\frac{\partial^2 P}{\partial r^2} r + \frac{\partial P}{\partial r} \right) dr \tag{7-13}$$

钻孔周围煤层瓦斯压力可用式(7-14)来表示：

$$p = (p_1 - p_0) \sqrt{1 - e^{-b(r-a)/t}} + p_0 \tag{7-14}$$

式中，p 为瓦斯压力，单位为 MPa；p_1 为该钻孔深度的原始煤层瓦斯压力，单位为 MPa；p_0 为钻孔大气压力，单位为 MPa；b 为一常数，单位为 min/m；t 为瓦斯流动时间，单位为 min。

为简化计算，式(7-14)可进一步简化，

$$p = p_1 \sqrt{1 - e^{-b(r-a)/t}} \tag{7-15}$$

将式(7-15)代入式(7-13)，有

$$dQ_1 = 2\pi\lambda p_1^2 \left(\frac{b^2}{t^2} r - \frac{b}{t} \right) e^{-b(r-a)/t} dr \tag{7-16}$$

对式(7-16)进行积分，

$$Q_1 = 2\pi\lambda p_1^2 \left[\frac{b}{t} a - \frac{b(R-a)}{t} e^{-b(R-a)/t} - e^{-b(R-a)/t} \frac{b}{t} a \right] \tag{7-17}$$

根据上述分析，对于新鲜暴露的采掘工作面，前方煤体的透气性系数是先下降后上升并趋于稳定，瓦斯压力是先上升后下降并趋于稳定。根据钻屑量

的分布规律(先上升后下降并基本稳定)可知,测定钻孔的半径也应大致呈现该规律,钻孔瓦斯流场影响范围的半径的变化趋势应与透气性系数基本一致。为简化计算,考虑主要问题,忽略次要矛盾,在此主要考虑透气性系数和瓦斯压力的变化,将式(7-17)更换为分段函数。

透气性系数的分段函数如下:

$$\lambda = \lambda_1 e^{-b_1 x}, \quad 0 \leqslant x \leqslant R_p \tag{7-18}$$

式中,λ_1 为掘进头边缘煤体透气性系数,单位为 $m^2/(MPa^2 \cdot d)$;x 为距采掘工作面的距离,单位为 m;b_1 为系数,单位为 m^{-1}。

$$\lambda = \frac{\lambda_0^3}{b_2(x-R_e)^2+\lambda_0^2}, \quad R_p \leqslant x \leqslant R_e \tag{7-19}$$

式中,λ_0 为煤体原始透气性系数,单位为 $m^2/(MPa^2 \cdot d)$;b_2 为系数,单位为 $1/(MPa^2 \cdot d)$。

$$\lambda = \lambda_0, \quad x \geqslant R_e \tag{7-20}$$

瓦斯压力的分段函数如下:

$$p_1 = p_f \sqrt{1-e^{-b_3 x}}, \quad 0 \leqslant x \leqslant R_p \tag{7-21}$$

式中,p_f 为煤层瓦斯压力峰值,单位为 MPa;b_3 为系数,单位为 1/m。

$$p_1 = p_f e^{b_4(R_p - x)}, \quad R_p \leqslant x \leqslant R_e \tag{7-22}$$

式中,b_4 为系数,单位为 1/m。

$$p_1 = p_y, \quad x \geqslant R_e \tag{7-23}$$

式中,p_y 为原始煤层瓦斯压力,单位为 MPa。

将式(7-18)~式(7-23)代入式(7-17),即可得出采掘工作面前方钻孔瓦斯流量的分段函数,并将单位统一成 L/min,可得。

$$Q_1 = 2\pi\lambda_1 e^{-b_1 x} p_f^2 (1-e^{-b_3 x}) \left[\frac{b}{t}a - \frac{b(R-a)}{t} e^{-b(R-a)/t} - e^{-b(R-a)/t} \frac{b}{t}a\right] \times \frac{1000}{1440}, \quad 0 \leqslant x \leqslant R_p \tag{7-24}$$

$$Q_1 = 2\pi \frac{\lambda_0^3}{b_2(x-R_e)^2+\lambda_0^2} p_f^2 e^{2b_4(R_p - x)} \left[\frac{b}{t}a - \frac{b(R-a)}{t} e^{-b(R-a)/t} - e^{-b(R-a)/t} \frac{b}{t}a\right] \times \frac{1000}{1440}, \quad R_p \leqslant x \leqslant R_e \tag{7-25}$$

$$Q_1 = 2\pi\lambda_0 p_y^2\left[\frac{b}{t}a - \frac{b(R-a)}{t}\mathrm{e}^{-b(R-a)/t} - \mathrm{e}^{-b(R-a)/t}\frac{b}{t}a\right]\times\frac{1000}{1440},\quad x\geqslant R_e \tag{7-26}$$

在式(7-24)～式(7-26)中,前两个表达式与 x 有关,最后一个则无关,即采掘工作面前方的钻孔瓦斯流量随着钻孔的深度而变化,但是,当原始地质条件不变时,钻孔瓦斯流量在达到一定钻孔深度后为定值。由于上述三个表达式均比较复杂,涉及的参数比较多,没有办法直接看出钻孔瓦斯流量随孔深的变化规律,为此,根据煤矿进行的实际条件,设置有关参数,采用计算机自动绘制出三个表达式的曲线,如图 7-15 所示。

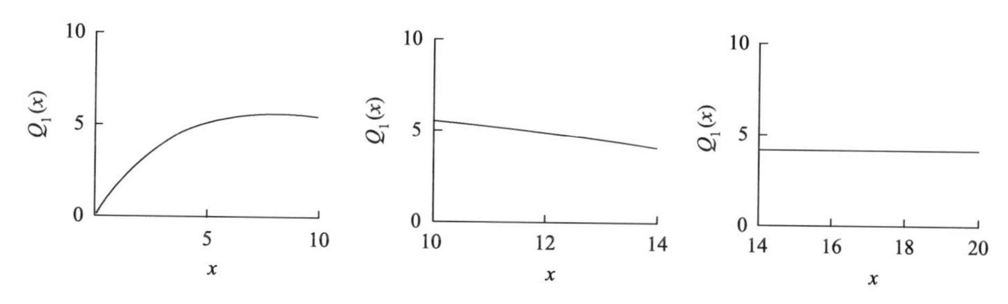

图 7-15　工作面前方煤层钻孔瓦斯流量分布图

横坐标为距工作面的距离(单位为 m),纵坐标为单位长度钻孔的瓦斯涌出量(单位为 L/min)

在图 7-15 中,当 x 为零时,瓦斯流量也为零,原因在于简化了的计算公式(7-21)的初始压力为零;根据该图可知,工作面前方的煤层钻孔瓦斯流量呈先上升后下降并最终趋于稳定的分布规律,钻孔瓦斯涌出初速度是钻孔瓦斯流量的最高数值,它的分布规律也应如此。

对工作面前方钻孔瓦斯涌出初始速度的衰减系数,可进行定性分析。在工作面煤壁附近区域,由于已经卸压,煤层透气性比较好,因此,瓦斯流场范围较大,可供补给的瓦斯相对较多,因而衰减缓慢;在应力集中区域,由于瓦斯压力较高,瓦斯涌出量大,在有限的瓦斯含量和低透气性煤体条件下,瓦斯高速补给困难,导致流量下降较快,即快速衰减;在原始应力区,与应力集中区相比,由于瓦斯流量下降,透气性又相对上升,瓦斯含量基本一致,因此,它的衰减速度比应力集中区慢。

综上所述,在采掘工作面前方,突出预测指标(钻孔瓦斯涌出初速度及其衰减系数)呈现先上升后下降并趋于稳定的分布规律。

3. 煤与瓦斯突出预警机理

根据上述理论分析和现场试验可知，在采掘工作面前方，紧邻工作面的煤体已经泄压，并且透气性较好，没有突出危险。在远离工作面的深部，煤体处于原始应力和瓦斯压力状态，虽然有一定危险，但是由于距离较远，这种危险是潜在的。两种之间的应力集中区，突出危险性最高。

这种分布不是固定不变的，是动态的，随着工作面的不断向前推进，处于原始应力和瓦斯压力状态下的区域，会演变成这种严重突出危险区域，并且逐渐向卸压区域演变。很明显，该区域处在原始应力区、严重突出危险区和卸压区时的突出预测数据是不一样的，但是也应该存在着某种联系。例如，某个位置距掘进工作面 20m 时存在一组突出预测参数，随着工作面的推进，当该位置距离工作面 6～10m 时，突出预测参数应该存在某个峰值，简单地说，二者应该存在一个比例关系。那么，根据掘进工作面深部某个区域的突出预测参数和该比例关系，即可推算出该区域位于严重突出危险性区时的突出预测参数结果，并可依此判断出它的突出危险性，从而实现煤与瓦斯突出的深孔超前探测预警。

7.3 煤与瓦斯突出预警体系构建与实施

1. 预警方案原始设计

原计划预警方案如下：加大预测钻孔深度（预计最深为 20m），每间隔 1m 进行一次钻孔瓦斯涌出初速度测定，并同时测定最大钻屑量，记录有关测定结果。随着工作面向前推进，当这些测点距工作面的距离为《防治煤与瓦斯突出规定》所要求的 8～10m 时，测定记录新的突出预测结果。对比分析两次测定结果，分析总结得出不同超前位置的煤与瓦斯突出综合预测指标 R 与 8～10m 位置数值的对应关系，以便根据超前位置的测定结果预测采掘工作面的正常突出预测结果，起到超前探测预警作用，具体如图 7-16 所示。

2. 实际实施方案

在开滦矿区实施煤与瓦斯突出预测过程中，遇到了几个难题：一是现场的煤电钻钻进深度受限，打孔深度只有 12～16m，降低了煤与瓦斯突出深孔预测预警的效率；二是为避免干扰现场生产作业，现场试验通常选择在检修班进

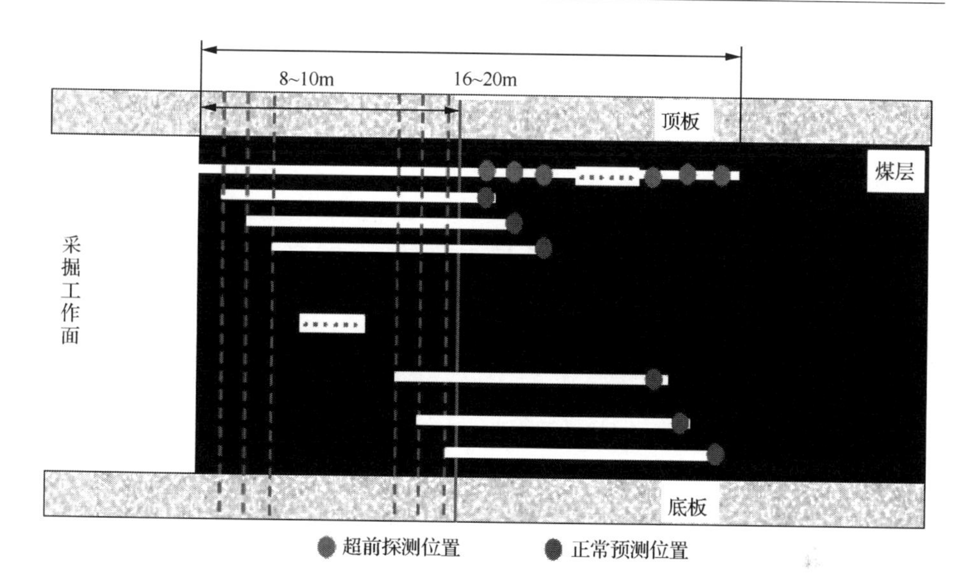

图 7-16　煤与瓦斯突出预警原始方案图

行，并且试验还要考虑矿方的计划安排，因此，没有办法做到工作面每向前推进 1m 进行一次突出危险性预测。另外，由于矿方的日常突出预测指标为 Δh_2，因此，在突出预测过程中，没有测定最大钻屑量。

为此，对原计划的预警方案进行了调整，根据现场突出危险性预测实际情况，构建相应的预警体系。预测钻孔深度降低为 12m，每两次突出危险性预测之间的工作面间距根据实际采掘工程进度而定，预警指标为钻孔瓦斯涌出初速度及其衰减系数，实际煤与瓦斯突出预测预警循环过程如图 7-17 所示。

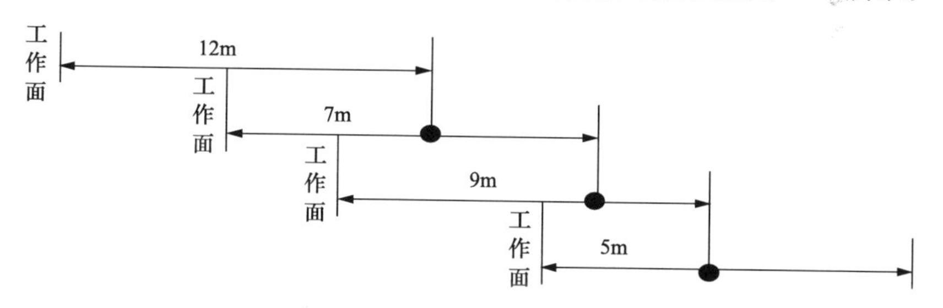

图 7-17　煤与瓦斯突出预警实际过程图

根据图 7-17 可知，在实际煤与瓦斯突出预测预警过程中，每次预测钻孔深度为 12m；在第二次预测时，工作面已向前推进 5m，则第一次 12m 的位置应为第二次的 7m 钻孔深处；在第三次预测时，工作面在第二次的基础上，再向前推进了 3m，则第二次 12m 的位置应为第三次的 9m 钻孔深处。在第四次预测时，工作面在第三次的基础上，再向前推进了 7m，则第三次 12m 的位置应为第四次的 5m 钻孔深处。

由于前一次的深孔预测位置（12m 深处）在下一次预测时出现的位置不完全相同，在此，选取前后两次预测最大值的平均值为该深孔预测位置的最高预测数据。例如，马家沟矿第一次预测（距入口 265m）的最高钻孔瓦斯涌出初速度出现在 10m 孔深，数值为 1.25L/min；第二次预测（距入口 270m）的最高钻孔瓦斯涌出初速度也出现在 10m 孔深，数值为 1.30L/min。则，第一次预测孔深 12m 处的最高预测数据可定为这两个值的平均值，为 1.28L/min，而在孔深为 12m 的条件下，它的预测数据为 0.87L/min，二者之比为 1.47。按此方法计算，深孔（前两组为 12m 深处，第三组为 10m 深处，因为，第三组的峰值出现在 8m 深处）预测数据与该点出现的最大预测数据的比值如表 7-6 所示。

表 7-6 深孔预测数据与最大预测数据的比例关系表

测定地点	钻孔瓦斯涌出初速度的比值	钻孔瓦斯涌出流量衰减系数的比值	钻屑瓦斯解吸指标 Δh_2 的比值
距入口 265m	1.47	0.96	1.43
距入口 270m	1.96	0.93	2.0
距入口 273m	3.50	0.72	3.25
平均值	2.31	0.87	2.23

根据表 7-6 可知，在采掘工作面不同作业地点，深孔（12m 深处）的正常预测数据与它的最高峰值的比例不完全一致。其中，钻孔瓦斯涌出初速度的比值为 1.47～3.50，平均值为 2.31，钻孔瓦斯涌出流量衰减系数的比值为 0.72～0.96，平均值为 0.87；钻屑瓦斯解吸指标 Δh_2 的比值为 1.43～3.25，平均值为 2.23。

在煤与瓦斯突出深孔预测预警实施过程中，可根据深孔位置上述三个指标和最大钻屑量的预测数据与相应比值的平均值，推算该位置即将出现的预测指标最高数据，并与临界值进行比较，从而实现深孔超前预测预警。

3. 煤与瓦斯突出预警体系实施标准

为便于所提出的煤与瓦斯突出深孔预测预警方法的顺利推广应用，需要制定相应的实施标准。

（1）矿井应加强突出煤层钻进施工方面的技术改进与人才培训，进一步提高突出煤层的打钻深度。

（2）在参考本章研究成果的基础上，各突出矿井针对每一个采掘作业场所都应通过试验，找出该工作面地质条件下的深孔预测数据与该点的最高预测数据之间的关系。

（3）在大致摸索出该采掘作业场所上述关系的基础上，通过打钻测定工作面前方深部的突出预测指标数值，推算该位置即将出现的预测指标最高数据，从而实现深孔超前预测预警。

（4）在采掘工作面向前推进过程中，要对测定的数据进行整理、分析，对初步得出的上述关系进行修正。

附　录　1
钻孔瓦斯涌出初速度的测定方法
(MT/T 639—1996)

前言

钻孔瓦斯涌出初速度是用于煤矿井下工作面预测煤与瓦斯突出危险或防突措施效果检验的一项重要指标,它是由国内外广大煤炭科技人员经过长期的研究和试验得出的。虽然在研究过程中形成了一套可行的测定操作方法,但由于没有对测定仪表、测定过程等细节内容进行更严密的测试、考察和研究,也没有形成一个可供煤矿测定人员作为依据的规范性文件,使得在一些突出矿井中,由于测定操作不正确等原因,造成预测失误,甚至酿成了人身伤亡事故。因此,制定本标准,可以使广大突出矿井正确测定钻孔瓦斯涌出初速度,避免或减少不必要的失误所造成的损失,对促进突出矿井的安全生产有着重要意义。

本标准以原煤炭工业部制定的《防治煤与瓦斯突出细则》(1995 年版)为依据。

本标准由煤炭工业部科技教育司提出。

本标准由煤炭工业部煤矿安全标准化委员会归口。

本标准起草单位:煤炭科学研究总院重庆分院。

本标准主要起草人:孙东玲、龙伍见、徐三民、王先义、陈庆。

本标准委托煤矿安全标准化技术委员会煤矿瓦斯防治及设备分会负责解释。

1　范围

本标准规定了钻孔瓦斯涌出初速度的测定原理、仪表及工具和测定过程。

本标准适用于煤矿井下工作面突出危险性预测和防突措施效果检验时测定钻孔瓦斯涌出初速度。

2 定义

本标准采用下列定义。

钻孔瓦斯涌出初速度 initial velocity of gas emission from borholes。

在煤层中按规定的技术要求施工钻孔，在达到预定深度，2min 时，在规定长度钻孔内涌出的瓦斯流量。用符号 q_m 或 q 表示，其单位为 L/min 或 L/m · min。

3 测定原理

用电煤钻或风煤钻带动螺旋钻杆，在煤层中钻进 ϕ42mm 钻孔，每钻进 1m 或钻进到预定深度，退出钻杆，送入封孔器，用打气筒充气封孔，然后用流量计测定打钻结束后 2min 时规定长度钻孔的瓦斯流量。其测定方法示意图见图 1。

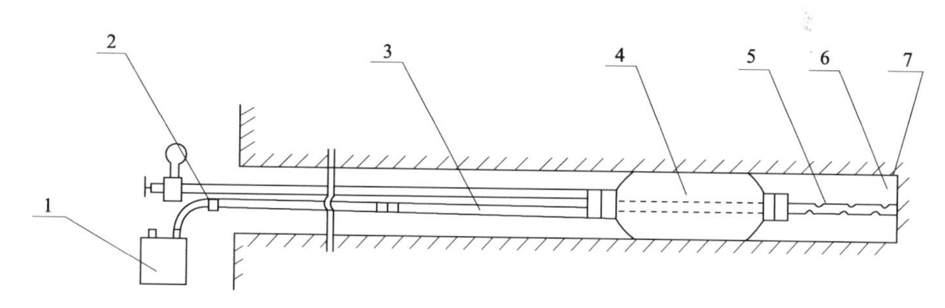

图 1 钻孔瓦斯涌出初速度测定方法示意图

1. 流量计；2. 压力表；3. 导气管；4. 封孔器；5. 测量室管；6. 测量室；7. 钻孔壁

4 仪表及工具

4.1 测定装置

(1) 测量室管：长度有 0.5m 和 1.0m 两种规格。

(2) 封孔器：压气密封系统的工作压力不小于 0.2MPa，并且在停止充气后每分钟的压力降低值不得超过 0.02MPa。应保证封孔段的长度不小于 150mm。

(3) 导气管：当瓦斯流量为 5L/min 时，导气管内孔的总阻力不大于 300Pa。

(4) 压力表：量程为 0～0.6MPa，准确度应优于 2.5 级。

4.2　流量计

量程应包括 1～30L/min 的流量范围，准确度应优于 2.5 级。流量计应符合相应的国家计量检定规程的规定。

4.3　常用工具

秒表：一只。
地质罗盘：一个。
皮卷尺(规格：5m)：一个。
扳手(规格：200mm)：二把。
管钳(规格：300mm)：二把。
钢丝钳：一把。

5　测定过程

5.1　钻孔布置

5.1.1　煤巷掘进工作面

用钻孔瓦斯涌出初速度法进行突出危险性预测或防突措施效果检验时，应在掘进工作面煤层的软分层中靠近巷道两帮，至少各打一个平行于巷道掘进方向、直径 42mm、深度为 3.5m 的钻孔(图 2)。当煤层有两个或两个以上软分层时，钻孔应打在最厚的软分层中。

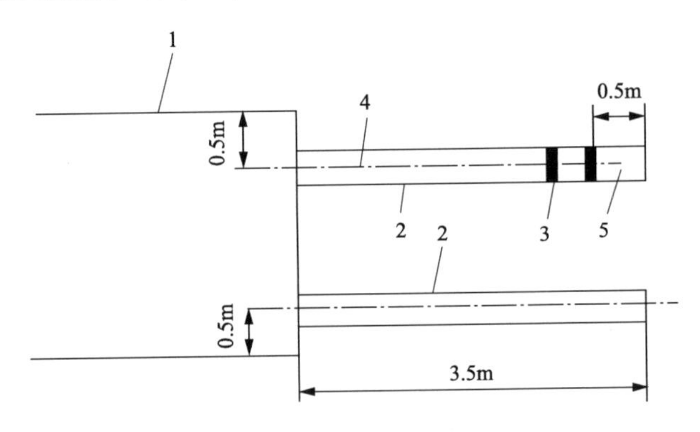

图 2　用钻孔瓦斯涌出初速度法进行预测或检验的钻孔布置平面图

1. 煤层巷道；2. 钻孔；3. 封孔器；4. 导气管；5. 测量室

用钻孔瓦斯涌出初速度和钻屑量进行突出危险性预测或防突措施效果检验时，其钻孔布置为：在倾斜或急倾斜煤层掘进工作面至少打 2 个、缓倾斜煤层掘进工作面至少打 3 个直径为 42mm 的钻孔，其中 R 值指标法的钻孔深度为 5.5～6.5m，其他方法的钻孔深度不得大于 9m。钻孔应布置在煤层软分层中，一个钻孔位于工作面中部，并平行于掘进方向，其他钻孔的终孔点应位于巷道轮廓线外 2～4m 处(图 3)。当煤层有两个或两个以上软分层时，钻孔应布置在最厚的软分层中。

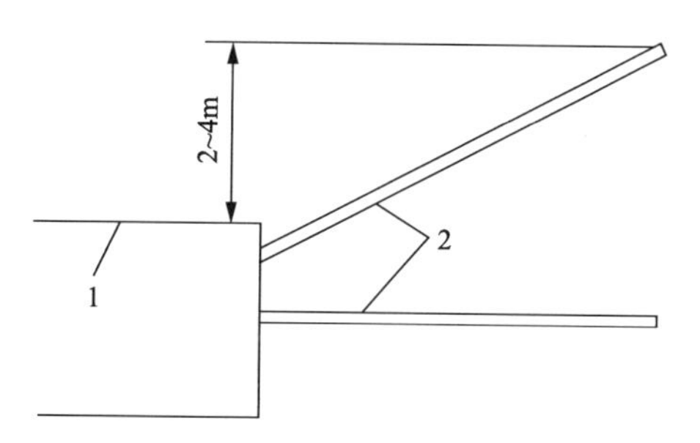

图 3 用钻孔瓦斯涌出初速度和钻屑量进行预测或检验的钻孔布置平面图

1. 巷道；2. 钻孔

5.1.2 回采工作面

在回采工作面运输平巷以上 10m、回风平巷以下 15m，沿工作面每隔10～15m 布置一个垂直于工作面煤壁的钻孔，孔深根据工作面条件确定，但不得小于 3.5m(图 4)。

5.1.3 其他

对各类工作面进行防突措施效果检验时，其钻孔布置除应满足上述要求外，还应将检验孔打在两个防突措施钻孔的中间。

5.2 测定步骤

5.2.1 仪器的准备

用钻孔瓦斯涌出初速度法进行突出危险性预测或防突措施效果检验时，应选用测量室管长度为 0.5m 的测定装置；用钻孔瓦斯涌出初速度和钻屑量进行突出危险性预测或防突措施效果检验时，应选用测量室管长度为 1.0m 的测定装置。

按钻孔深度要求将测定装置的封孔器、导气管、测量室管等与各辅助部件连接好，检查是否气密。

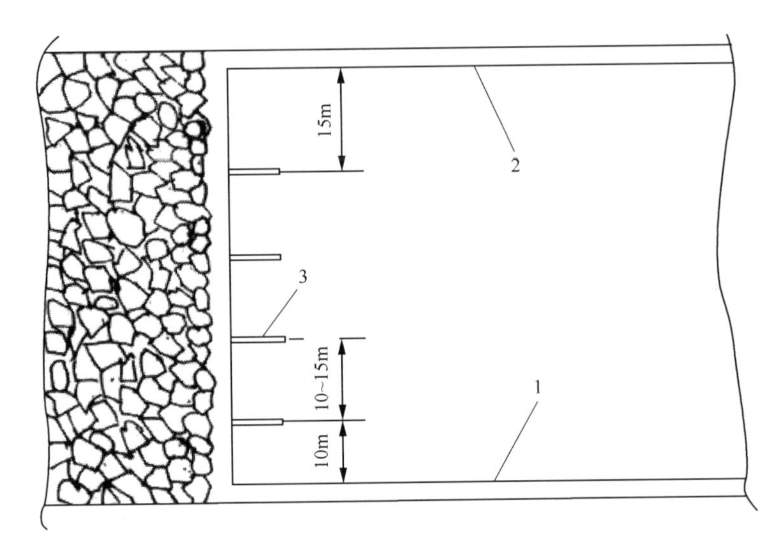

图 4　回采工作面钻孔布置平面图

1. 运输平巷；2. 回风平巷；3. 钻孔

5.2.2　打孔

按 5.1 的有关要求布置钻孔，在每段钻孔钻进前应在钻杆上标识出预定的打钻深度。钻进时应避免钻杆摆动，钻进速度应控制在 0.5～1m/min。

5.2.3　封孔

钻孔钻进至预定深度，立即用秒表计时，迅速拔出钻杆，把封孔器送入孔底，并用打气筒进行充气。全部操作应在规定的时间内完成。

5.2.4　测定流量

在封孔操作的同时，将流量计与导气管口连接好。封孔完成后，对瞬时流量计在 2min 时读数，即为钻孔瓦斯涌出初速度值；对累计流量计应在 1.5min 和 2.5min 时分别读数，后一读数减去前一读数即为钻孔瓦斯涌出初速度值。

5.2.5　退出封孔器

测定完成后，将胶囊泄压，从钻孔中退出封孔器。

5.2.6

用钻孔瓦斯涌出初速度和钻屑量进行突出危险性预测或检验时，每钻进 1m 应测定一次钻孔瓦斯涌出初速度。

5.3　测定记录

在测定开始前应测量并记录工作面位置、煤层厚度及有无地质变化等；在测定过程中应详细记录钻孔的位置、方位、倾角、深度、钻孔瓦斯涌出初速度以及钻进时有无喷孔、卡钻、响煤炮等动力现象。

测定数据的记录格式见下表。

钻孔瓦斯涌出初速度测定记录表

工作面名称：________　循环编号：________　工作面位置：________________

煤层厚度：________　倾角：________　巷道方位：________　NO：________

<table>
<tr><td rowspan="2">孔号</td><td colspan="2">钻孔参数</td><td colspan="2">开孔位置/m</td><td rowspan="2">孔深
/m</td><td rowspan="2">动力现象
描述</td><td rowspan="2">巷道素描</td></tr>
<tr><td>方位</td><td>倾角</td><td>距中线</td><td>距腰线</td></tr>
<tr><td>1</td><td></td><td></td><td></td><td></td><td></td><td></td><td></td></tr>
<tr><td>2</td><td></td><td></td><td></td><td></td><td></td><td></td><td></td></tr>
<tr><td>3</td><td></td><td></td><td></td><td></td><td></td><td></td><td></td></tr>
<tr><td>4</td><td></td><td></td><td></td><td></td><td></td><td></td><td></td></tr>
<tr><td rowspan="3">孔号</td><td colspan="6">钻孔深度/m</td><td rowspan="3"></td></tr>
<tr><td></td><td></td><td></td><td></td><td></td><td></td></tr>
<tr><td colspan="6">钻孔瓦斯涌出初速度/[L/(min·m)或L/min]</td></tr>
<tr><td>1</td><td></td><td></td><td></td><td></td><td></td><td></td><td></td></tr>
<tr><td>2</td><td></td><td></td><td></td><td></td><td></td><td></td><td></td></tr>
<tr><td>3</td><td></td><td></td><td></td><td></td><td></td><td></td><td></td></tr>
<tr><td>4</td><td></td><td></td><td></td><td></td><td></td><td></td><td></td></tr>
</table>

测定人员：________________　测定日期：________年______月______日______班

附　录　2

《防治煤与瓦斯突出规定》中的部分相关内容

2009年颁布实施的《防治煤与瓦斯突出规定》对钻孔瓦斯涌出初速度作为突出预测指标及其测定方法做了一定的修改，主要体现在第七十四条、第七十六条、第七十七条和第七十八条上，具体如下。

第七十四条　可采用下列方法预测煤巷掘进工作面的突出危险性：

（一）钻屑指标法；

（二）复合指标法；

（三）R值指标法；

（四）其他经试验证实有效的方法。

第七十六条　采用复合指标法预测煤巷掘进工作面突出危险性时，在近水平、缓倾斜煤层工作面应当向前方煤体至少施工3个、在倾斜或急倾斜煤层至少施工2个直径42mm、孔深8～10m的钻孔，测定钻孔瓦斯涌出初速度和钻屑量指标。

钻孔应当尽量布置在软分层中，一个钻孔位于掘进巷道断面中部，并平行于掘进方向，其他钻孔开孔口靠近巷道两帮0.5m处，终孔点应位于巷道断面两侧轮廓线外2～4m处。钻孔每钻进1m测定该1m段的全部钻屑量S，并在暂停钻进后2min内测定钻孔瓦斯涌出初速度q。测定钻孔瓦斯涌出初速度时，测量室的长度为1.0m。

各煤层采用复合指标法预测煤巷掘进工作面突出危险性的指标临界值应根据试验考察确定，在确定前可暂按表1的临界值进行预测。

表1　复合指标法预测煤巷掘进工作面突出危险性的参考临界值

钻孔瓦斯涌出初速度 q/(L/min)	钻屑量 S	
	(kg/m)	(L/m)
5	6	5.4

如果实测得到的指标q、S的所有测定值均小于临界值，并且未发现其他异常情况，则该工作面预测为无突出危险工作面；否则，为突出危险工作面。

第七十七条　采用R值指标法预测煤巷掘进工作面突出危险性时，在近水平、缓倾斜煤层工作面应向前方煤体至少施工 3 个、在倾斜或急倾斜煤层至少施工 2 个直径 42mm、孔深 8～10m 的钻孔，测定钻孔瓦斯涌出初速度和钻屑量指标。

钻孔应当尽可能布置在软分层中，一个钻孔位于掘进巷道断面中部，并平行于掘进方向，其他钻孔的终孔点应位于巷道断面两侧轮廓线外 2～4m 处。

钻孔每钻进 1m 收集并测定该 1m 段的全部钻屑量 S，并在暂停钻进后 2min 内测定钻孔瓦斯涌出初速度 q。测定钻孔瓦斯涌出初速度时，测量室的长度为 1.0m。

根据每个钻孔的最大钻屑量 S_{max} 和最大钻孔瓦斯涌出初速度 q_{max} 按下式计算各孔的 R 值：

$$R = (S_{max} - 1.8)(q_{max} - 4)$$

式中，S_{max} 为每个钻孔沿孔长的最大钻屑量，L/m；q_{max} 为每个钻孔的最大钻孔瓦斯涌出初速度，L/min。

判定各煤层煤巷掘进工作面突出危险性的临界值应根据试验考察确定，在确定前可暂按以下指标进行预测：当所有钻孔的 R 值小于 6 且未发现其他异常情况时，该工作面可预测为无突出危险工作面；否则，判定为突出危险工作面。

第七十八条 对采煤工作面的突出危险性预测，可参照本规定第七十四条所列的煤巷掘进工作面预测方法进行。但应沿采煤工作面每隔 10～15m 布置一个预测钻孔，深度 5～10m，除此之外的各项操作等均与煤巷掘进工作面突出危险性预测相同。

判定采煤工作面突出危险性的各指标临界值应根据试验考察确定，在确定前可参照煤巷掘进工作面突出危险性预测的临界值。

参考文献

[1] 林火灿. 截至2015年底全国煤矿总规模为57亿吨[EB/OL]. 2016-01-12, http://finance.ifeng.com/a/20160112/14162186_0.shtml.

[2] 木辛. 2015年全国原煤产量回顾及展望[EB/OL]. 2016-02-06, http://www.cwestc.com/newshtml/2016-2-6/400707.shtml.

[3] 谢和平, 周宏伟, 薛东杰, 等. 煤炭深部开采与极限开采深度的研究与思考[J]. 煤炭学报, 2012, 37(4): 535-542.

[4] 李志金. 我国矿井"五大自然灾害"防治技术及展望[EB/OL]. 2014-03-17, http://www.mkaq.org/item/239743.aspx.

[5] 李希建. 煤巷炮掘工作面煤与瓦斯突出预警系统的研究[D]. 贵阳: 贵州大学硕士学位论文, 2007.

[6] 徐晨阳. 高瓦斯煤层冲击地压特征机理研究现状[J]. 山西大同大学学报(自然科学版), 2014, 30(1): 69-72.

[7] 张铁岗. 矿井瓦斯综合治理技术[M]. 北京: 煤炭工业出版社, 2001.

[8] 国家安全生产监督管理总局, 国家煤矿安全监察局. 防治煤与瓦斯突出规定[M]. 北京: 煤炭工业出版社, 2009.

[9] 胡千庭. 矿井瓦斯防治技术优选——煤与瓦斯突出和爆炸防治[M]. 徐州: 中国矿业大学出版社, 2008.

[10] 王克全, 于不凡. 钻孔瓦斯涌出初速度影响因素分析[J]. 煤炭工程师, 1989, (2): 32-36.

[11] 魏风清, 张晋京. 钻孔瓦斯涌出初速度测试深度的探讨[J]. 煤炭科学技术, 2004, 32(5): 61-64.

[12] 江长青. 用智能化瓦斯涌出初速度仪监测钻孔 q 值动态过程[J]. 焦作矿业学院学报, 1996, 15(5): 64-68.

[13] 仇海生, 曹垚林, 都锋, 等. 钻孔瓦斯涌出初速度指标的影响因素分析[J]. 煤矿安全, 2010, 41(3): 99-101.

[14] 秦祥基. 关于钻孔瓦斯涌出初速度法预测煤巷掘进工作面突出危险性的探讨[J]. 焦作矿业学院学报, 1993, 12(3): 1-5.

[15] 王凯, 俞启香, 蒋承林. 钻孔瓦斯动态涌出的数值模拟研究[J]. 煤炭学报, 2001, 26(3): 279-284.

[16] 林府进. 测定工艺对钻孔瓦斯涌出初速度影响的探讨[J]. 矿业安全与环保, 2007, 34(S1): 78-83.

[17] 刘海波, 程远平, 王海锋, 等. 突出煤层卸压前后钻孔瓦斯涌出初速度的变化规律[J]. 采矿与安全工程学报, 2009, 26(2): 225-228.

[18] 屠锡根, 哈明杰. 突出敏感指标初探[J]. 煤矿安全, 1991, (9): 15-21.

[19] 王恩义, 岑梅英, 张广彦. 用钻孔瓦斯涌出初速度进行浅孔预测的可行性研究[J]. 河南理工大学学报, 2005, 24(4): 263-265.

[20] 韩颖, 张飞燕, 余伟凡, 等. 钻孔瓦斯动态涌出规律的实验研究[J]. 煤炭学报, 2011, 36(11): 1874-1878.

[21] 王佑安, 王魁军, 王日存, 等. 北票综合防突措施研究[R]. 抚顺: 煤炭科学研究总院抚顺分

院,1990.

[22] 彭呈喜,李永华. 测钻孔瓦斯涌出初速度流量计使用现状[J]. 江西煤炭科技,2001,(4):40-41.

[23] 高建良,尚宾,张学博. 导气管阻力特性对钻孔瓦斯涌出初速度的影响[J]. 煤炭学报,2011,36(11):1869-1873.

[24] 中华人民共和国煤炭工业部. 防治煤与瓦斯突出细则[M]. 北京:煤炭工业出版社,1995.

[25] 杨玉中,吴立云,何俊,等. 煤矿瓦斯重大灾害预警理论及应用[M]. 北京:北京师范大学出版社,2010.

[26] 文光才,宁小亮,赵旭生. 矿井煤与瓦斯突出预警技术及其应用[J]. 煤炭科学技术,2011,39(2):55-58.

[27] 邓明. 煤与瓦斯突出早期辨识与实时预警技术研究[D]. 淮南:安徽理工大学博士学位论文,2010.

[28] 张言辉. 突出危险工作面瓦斯涌出异常识别与预警系统研究[D]. 徐州:中国矿业大学硕士学位论文,2015.

[29] 杨艳国. 寺河矿煤巷掘进工作面煤与瓦斯突出预警系统研究[D]. 阜新:辽宁工程技术大学博士学位论文,2010.

[30] 罗新荣,杨飞,康与涛,等. 延时煤与瓦斯突出的实时预警理论与应用研究[J]. 中国矿业大学学报,2008,37(2):163-166.

[31] 赵延旭,林伯泉,翟成,等. 基于瓦斯涌出动态变化的非接触式预测技术研究[J]. 煤矿安全,2011,42(4):1-4.

[32] 何学秋. 含瓦斯煤岩流变动力学[M]. 徐州:中国矿业大学出版社,1995.

[33] 俞启香. 矿井瓦斯防治[M]. 徐州:中国矿业大学出版社,1992.

[34] 李树刚,赵勇,张天军. 基于低频振动的煤样吸附/解吸特性测试系统[J]. 煤炭学报,2010,35(7):1142-1146.

[35] 林柏泉. 矿井瓦斯防治理论与技术[M]. 徐州:中国矿业大学出版社,1998.

[36] 李树刚,赵勇,张天军,等. 低频振动对煤样解吸特性的影响[J]. 岩石力学与工程学报,2010,29(增2):3562-3568.

[37] 李树刚,赵勇,张天军. 低频机械振动影响煤样吸附特性研究[J]. 中国矿业大学学报,2012,41(6):873-877.

[38] 程靳,赵树山. 断裂力学[M]. 北京:科学出版社,2006.

[39] 周世宁,孙辑正. 煤层瓦斯流动理论及其应用[J]. 煤炭学报,1965,2(1):24-37.

[40] 中华人民共和国煤炭工业部. MT/T639—1996 钻孔瓦斯涌出初速度的测定方法[S]. 北京:煤炭工业出版社,1996.

[41] 陈学习,王志亮. 矿井瓦斯防治与利用[M]. 徐州:中国矿业大学出版社,2014.

[42] 张国枢. 通风安全学[M]. 徐州:中国矿业大学出版社,2007.

[43] 胡千庭. 煤矿安全应用技术[M]. 徐州:中国矿业大学出版社,2011.

[44] 牛多龙,何有巨,杨家忠,等. 谢一矿安全专家"会诊"自查报告[R]. 淮南:淮南矿业(集团)公司,2005.

[45] 王嵩峰,王小同,田坤云. 王行庄煤矿二$_1$、二$_3$煤层瓦斯突出危险性区域预测[J]. 煤,2010,19(8):54-55.

[46] 王恒. 郑州监察分局对王行庄煤矿开展重点监察[EB/OL]. 2014-05-01,http://www.cwestc.

com/newshtml/2014-5-1/329653. shtml.

[47] 杨睿,袁占栋,赵发军,等. 平顶山矿区丁组煤层安全高效开采区域瓦斯防治工程技术与实践阶段性报告[R]. 平顶山:中国平煤神马集团研究院,2013.

[48] 蒋承林. 煤与瓦斯突出的球壳失稳机理及防治技术[M]. 徐州:中国矿业大学出版社,1998.

[49] 唐春安. 岩石破裂过程数值试验[M]. 北京:科学技术出版社,2003.

[50] 唐春安. 岩石破裂全过程分析软件系统 RFPA2D[J]. 岩石力学与工程学报,1997,16(5):507-508.